陈琅语

编著

优雅是
穿透岁月
的美丽

中国华侨出版社

图书在版编目（CIP）数据

优雅是穿透岁月的美丽／陈琅语编著．—北京：中国华侨出版社，2016.6

ISBN 978-7-5113-6085-4

Ⅰ．①优… Ⅱ．①陈… Ⅲ．①女性－成功心理－通俗读物 Ⅳ．①B848.4-49

中国版本图书馆CIP数据核字（2016）第119444号

● 优雅是穿透岁月的美丽

| 编　　著／陈琅语
| 责任编辑／文　喆
| 封面设计／聂　辉
| 经　　销／新华书店
| 开　　本／710毫米×1000毫米　1/16　印张／16　字数／220千字
| 印　　刷／北京一鑫印务有限责任公司
| 版　　次／2016年10月第1版　2019年8月第2次印刷
| 书　　号／ISBN 978-7-5113-6085-4
| 定　　价／32.00元

中国华侨出版社　北京市朝阳区静安里26号通成达大厦3层　邮编100028
法律顾问：陈鹰律师事务所
编辑部：（010）64443056　64443979
发行部：（010）64443051　传真：64439708
网　　址：www.oveaschin.com
E-mail：oveaschin@sina.com

前 言
preface

"优雅是女人的特权"。一个女人哪怕到生命的终结，也可以是优雅的。

优雅是一种和谐，非常类似于美丽，只不过美丽是上天的恩赐，而优雅是艺术的产物。一个真正美丽的女人必须在各个方面都是优雅的。

优雅的风度是内在的素质形之于外表的动人举止，这里所说的举止是指在工作和生活中展现出来的言谈、行为、姿态、作风和表情。实际上，优雅的风度来源于一定的知识和才干。良好的风度需要一个强有力的后盾支撑着它，这个强有力的后盾就是丰富的知识、风趣的语言、宽厚的为人、得体的装扮、洒脱的举止等，这些无不体现着一个人内在的良好素质。然而，要真正能熟练地运用语言，还有赖于智力的提高。当你的智力在敏捷性、灵活性、

深刻性、独创性和批判性等方面得到了发展，你在知觉、表象、记忆、思维等各方面的能力就能得到提高，加之你拥有丰厚的涵养，那么，优雅的风度就自然而然地为你所拥有了。

当然，这并不是说说那样简单，有这样一句名言："一夜之间可以造就一个富豪；但三代也不一定能培养出一位公主。"是的，女人的优雅不是一蹴而就的，它与时髦不同：时髦可以追赶，优雅却是一种永恒的时尚，它是一种积累、一种沉淀，甚至是一种痛苦一种感悟。优雅的女人，就像一道靓丽的风景，让人心旷神怡、赏心悦目。

生活中，能够被称之为优雅的女人应该是女人一生中所能达到的最高境界，那由内而外散发出的优雅气质足以迷住身边的每一个人，优雅的气质吸引的不仅是男人，同样也吸引女人。光阴会把每个人的外形弄得面目全非，但优雅是心灵宁静和简单生活的化合物，它和年龄无关，和身份无关，和地位无关，一个优雅的女人，哪怕她满脸皱纹，还是能让人如沐春风。

第一章　优雅，是一种生活态度

优雅与金钱无关，它是一种生活态度。有了它，清贫的生活也一样会色彩斑斓，它使你远离忧愁，靠近快乐；它使你从容不迫，豁达洒脱，它是女人抵御年龄侵袭最有效的武器，它是融于骨髓中的永远与你相伴的伴侣。

美貌，并不是那么重要 / 2
心若丰盈，优雅天成 / 4
时刻拥有一份高贵情怀 / 7
爱自己，宠自己，疼自己 / 9
红粉佳人，不离胭脂更需内涵 / 11
活出自己，才是幸福 / 14
一个人时，一个人走 / 16
从平凡的生活中寻找自己的幸福 / 18
学会容纳，而不是挑剔 / 21
在智慧里行走，在优雅处丰盈 / 23

第二章　提升修养：女人可以没钱，但不能没有修养

　　有修养的女人是不老的女人。岁月虽然可以夺走她们的红颜，却夺不走她们经过积淀而焕发出的光彩。这就是修养，就像秋天里弥漫的果香一样，由内而外散发出来。它赋予女人一种神韵、一种魅力、一种气质和一种品位，自然流露，从容娴雅，让人愉悦。

十分性感，不及一分内涵 / 26
只要善良的，就是美丽的 / 28
有所表现，也应有所顾忌 / 31
取悦谁，也不如取悦自己 / 33
不喜欢的不要，别委屈自己 / 35
心若似海，便有一番壮阔 / 37
别对着你的男人碎碎念 / 39
永远不要放弃梦想 / 41

第三章 强化礼仪：知书达理的女人，页页都是一首诗

　　女人的美丽源自于对自身的不断塑造。知书达理的女人，如曲之有情，如灯之有光，如花之有芬芳，优雅之美，浑然天成。她们有着贵妇般的端庄，天使般的心肠，一脸阳光地俏立于芸芸众生之中，任谁也无法不投去赞许与艳羡的目光。

商务交往的 3A 原则 / 44

约见客户的礼仪 / 45

商务陪同礼仪 / 50

赴宴要有淑女范 / 52

西方饮食文化略解 / 54

西餐点菜里有窍门 / 59

外事礼仪禁忌 / 61

涉外礼仪基本要求 / 64

涉外礼仪礼宾通则 / 65

拒绝邀请要有技术含量 / 68

第四章　绽放气质：最美的风情，把生活绣成锦帛

真正有品位、懂得美的人总能够透过纷繁的表象，看到女人的内在美。在他们看来，只有气质女人的美才是真正有分量和厚度的，这样的美不会随女人年龄的增长而褪色，也不会因为女人所拥有财富的减少而贬值。这种气质美犹如一坛老酒，尘封越久越发的芬芳醉人。

气质是女人最真实、最恒久的美 / 72

流露出骨子里的娇柔 / 74

风情是女人特有的韵味 / 76

神秘一点，更美一点 / 81

若即若离，难以触及 / 84

脉脉含羞，美不胜收 / 86

情趣之媚，顾盼生辉 / 89

一份沉静，一份绝美 / 91

不流于俗，便是天使 / 93

第五章　锻造心态：优雅女人，都有一颗高贵的心

　　女人命运好不好，全在心态好不好。好心态就是一面镜子，展现了女人美好的心灵；好心态就是避风港，抵挡骤雨狂风的侵袭；好心态又像一个弹簧，能够让女人的生命更有张力。女人有了好心态，纵使日日粗茶淡饭，幸福感也能时时洋溢；女人有了好心态，就算没有怡人的外貌，也能一样的优雅而富有魅力。

你到底在害怕什么呢？ / 96

请别在悲观的河水里沉溺自己 / 98

任何时候，都还有选择的权利 / 100

再恶劣的路，总会有出路 / 103

另一扇窗，看到的结果不一样 / 106

伤口，是为了让你学会路该怎样走 / 109

想不开就不想，得不到就不要 / 111

自己的选择，就别让自己后悔 / 114

你要知道，太阳每天都是新的 / 118

第六章　优化性格：品性如画，请不要信笔涂鸦

　　品性娴淑的女子自有一份博雅的胸怀，拥有这样的胸怀，她们总是能将自己的世界打理得井井有条；品性娴淑的女子富有生活情调，能够营造一种和谐美妙的人际氛围，于是她们的存在总是如众星捧月一般。而品性不好的女人，她们往往没有高尚的情操，缺乏浪漫的情调，于是乎，她们的生活也显得那般枯燥乏味。

给自己一张自信的面庞 / 122
宽容，决定婚姻的幸福水平 / 124
女人的姿态应该是站立着的 / 126
可以做强者，但不要太强势 / 128
霸气可以有，霸道不可取 / 130
别吃不到葡萄就说葡萄酸 / 133
为名利攀比，是害苦了自己 / 136
你最好能够抵制欲望的诱惑 / 138
别让你的眼泪泛滥成灾 / 140
爱笑的女人更受欢迎 / 142

第七章　精修习惯：好的习性，是带着香味的灵魂

要让优雅成为一种习惯，就要保持健康积极的生活态度，用积极的态度去提升自己的生命质量，用优雅的行为让自己的魅力得到延伸，呈现出女人特有的精神面貌。做到心态平和、肯定自我、内强素质、外化形象，保持每个年龄段最雅致的状态。女人，记住带上你的优雅。

抱怨是往自己的鞋子里倒水 / 146

好形象与借口永远不会在一起 / 148

花钱虽好，但不要浪费哦 / 150

有些事，一不小心就毁了形象 / 153

别太随意，男女交往要有底线 / 156

忍受，不应该成为你的习惯 / 158

做个有主见的女人 / 160

女人放弃自我就会一无所有 / 162

优雅女人，总得有点高雅爱好 / 163

品味书香，腹有诗书气自华 / 165

与音乐结伴，让思绪自由流淌 / 168

第八章　智慧谈吐：声音，是女人外露的性感

优雅的声音娓娓道来，宛如天籁一般飘进耳朵，感动心灵，令人心驰神往。无论何时何地，优雅的谈吐都是女人气质、修养乃至魅力的体现，这样的女人朱唇轻启，便是呵气如兰，她们就像磁场一样，不动声色地吸引着别人。

这才是淑女式的谈吐 / 172

伤人自尊的话永远不要说 / 176

给批评加上一层糖衣 / 177

会认错，总能化干戈为玉帛 / 181

言语留余地，面子不能拂 / 183

别人的隐私，不要当作玩笑开 / 186

背后不论人非，让流言止于此 / 188

赞美的话，永远不会过时 / 191

第九章　起舞职场：你的优雅，价值百万

女人不能完全依托于男人，这在新时代女性中俨然已经成为共识。一个优雅的女人绝不会将全部期望寄托在男人身上，即便他们彼此非常相爱。女人应该有属于自己的事业，去追求更高的自我价值。尽管职场风云变幻，但没什么，以优雅女人的历练和睿智，一定能够在这里翩翩起舞，尽显风流。

让女人味在职场蔓延开来 / 194

白领丽人日常职业形象礼仪 / 197

白领丽人职业装色彩搭配 / 199

日常工作汇报礼仪 / 201

职场女性，务必自尊自爱 / 202

低调处事，和谐相处 / 204

职业女性也要有点"新"意 / 206

让你的价值无可替代 / 209

第十章 爱情花语：选择你所爱的，爱你所选择的

当我们懂得生活、懂得经营爱情和婚姻时，或许我们会有几许疲惫，因为我们的确要为家庭和家人操很多的心。但与此同时，我们一定会获得男人的尊重和爱情。相反，倘若我们不懂得去经营爱情和婚姻，只知道我行我素、随心所欲，那男人就会很累，当男人身心疲惫时，就意味着爱情与婚姻时时都有可能会崩溃。

我们该用什么衡量爱 / 214

爱已尽，不挽留，不强求 / 216

还有更好的人等着你 / 218

用真情去经营婚姻 / 220

在外大女人，回家小女人 / 223

懂得包容爱人的坏情绪 / 226

永远做爱人忠诚的支持者 / 229

让褪色的婚姻重现幸福 / 231

不时吃点醋，酸酸甜甜都是爱 / 234

用你的真心去赞美别人 / 239

第一章　优雅，是一种生活态度

　　优雅与金钱无关，它是一种生活态度。有了它，清贫的生活也一样会色彩斑斓，它使你远离忧愁，靠近快乐；它使你从容不迫，豁达洒脱，它是女人抵御年龄侵袭最有效的武器，它是融于骨髓中的永远与你相伴的伴侣。

美貌，并不是那么重要

漂亮，的确是女人的资本，但并不值得炫耀。

一个女人，只有一张漂亮的脸蛋是远远不够的，那只是给别人的第一印象，是装饰。如花美眷，终敌不过似水流年，待光阴荏苒，没了美貌，我们又拿什么来维持自己的魅力呢？

请相信，如果一个人因为你的相貌爱上你，那么总有一天，他会因为你的相貌离开你。

有个女人，长得很漂亮，便有些孤芳自赏。她对物质生活的要求很高，觉得像自己这样有姿色的女人一定要嫁个高富帅。在她心中，美貌就是自己的最大资本，而婚姻就是她最大的投资。但是，她一直没有找到满意的对象。

有一天，她来到华尔街，将自己的征婚启事贴在了这条全世界财富最集中的街道上，希望可以在这里找到一个富翁级别的郎君。她把自己最漂亮的照片贴在了启事上，很直接地写道："我，凯琳，相貌出众，身材火辣，气质优雅，有着迷人的笑容……我希望能和一位优秀的男士共度此生。我心目中的优秀男士应具备如下条件：资

第一章 优雅，是一种生活态度

产在 500 万美元以上，身高在 1.85 米以上，没有不良嗜好，有绅士风度……"

她原以为自己的征婚启事一贴出，那些富有的男人一定会趋之若鹜。谁知道，整整两个月过去了，竟然没有一个应征者。这使她产生了莫大的挫败感，她从来没想到这么美丽的自己竟然会被如此冷落。

这件事过去以后，经朋友介绍，她认识了一位年轻的华尔街职业经理人，并和他成了朋友。有一天，两个人一起吃饭，她便谈起了这件事，并问他："我的容貌怎么会引不起哪怕一个人的兴趣呢？"

他笑着对她说："这是很正常的情况。就拿我来说吧，我可以告诉你，我有 800 多万的资产，我身高 1.87 米，没有什么不良嗜好，一直在以绅士的标准要求自己。如果是我看到你这则征婚启事，也不会对你感兴趣，虽然你非常漂亮。原因不是别的，只是你错把自己的容貌当成了投资的资本。在华尔街，每个人都有投资头脑，他们比你更懂得投资，更清楚什么东西值得投资。也许在你看来，你的美貌是一种能让他们添彩的资本，他们带着你出席各种宴会会很有面子。但在他们看来，美貌只是一种无法保值甚至只会逐渐贬值的东西，因为你会越来越老，不像他们手中的资产，可以随着时光的流逝会不断地升值，甚至获得数倍的回报……"

他又说："所以，你如果要俘获一个优秀的男人，就一定不能拿美貌做资本，而应该让自己变得更优秀，只有一个越来越优秀的女人，才可能随着岁月的积累而变得更加丰富和成熟，散发出真正的魅

力，经营好美满的婚姻和生活，帮助自己的男人走向更大的成功。"

凯琳恍然大悟，低下了头。再抬头的时候，她笑着说了一句："我想我明白了。"

是的，她明白了一个道理，对于女人而言，相貌不是最重要的，最重要的是一个女人的内在。因为总有一天，美貌将从女人的脸上褪去，但是她沉淀下来的内容并不会离开她，反而会随着岁月的积累得到不断的充实。同样，一段美满的婚姻最需要的也不是美貌，而是一个女人的智慧，因为智慧的女人才能经营好美满的婚姻生活。

所以，亲爱的，如果你是美女，不要因此而炫耀。因为当铅华洗尽、人老珠黄时，你要靠其他资本留住别人的眼光。如果你不是美女，请不要因此气馁，好好珍惜父母赐予你的一切，那有可能会成为你检验他人真心的试纸。

心若丰盈，优雅天成

心若不死，烈火烧过青草地，看看又是一年春风。但有一个至关重要的因素是，当春风再来的时候，你扬起的，是怎样的一张面孔。

Abby 上个星期与久别的姐姐见了面。这次相聚对她来说，有惊

第一章 优雅，是一种生活态度

有喜。Abby与姐姐自幼亲密无间，后来各自嫁人，Abby来到北京，而姐姐随着姐夫去了国外，自此姐妹二人见面极少，平时只是在电话里、网络上，相互表达关心和思念。两年前，Abby的姐姐遭遇了丈夫外遇、离婚、争孩子、争财产一系列狗血得如同电视剧般的变故，然后患病卧床半年，但她从来不愿和Abby多说，几次通话，她只字不提，Abby也不便多问。

见面之前，Abby心有忐忑，害怕看见姐姐那张美丽的脸被怨恨扭曲，害怕看见曾经那么鲜活明艳的生命被生活侵蚀得满目疮痍。

但当Abby见到姐姐的那一刻，心中忧虑随即烟消云散。四十余岁的姐姐，妆容精致，眼神明亮，体态轻盈，着一身休闲便装，长发随意地披散在脑后，与她现在的男朋友十指紧扣，笑语盈盈，款款走来。

Abby衷心地为姐姐感到高兴。

这样甜美的场景，似乎只发生在情窦初开的少女身上，她们未经世事，所以她们美好如花，澄净如水。

但是现在，她是一个被丈夫无情抛弃，曾在仇恨与痛苦中难以自拔的女人。大家都以为她会萎靡了吧，她会沉没了吧，然而，她从最黑暗的地方穿越而来，她依然明艳如花。

试想一下，此时的她，如果面容憔悴，目光呆滞，身材走样，恐怕也没办法与身边的人形成这样一道美丽的风景。然而这些都不是最重要的，最重要的是，如果她的体内是一个饱经摧残后狼狈不堪的灵

魂，或者有一个浸淫世俗、变得面目可憎的扭曲人格，即使她保养得再好，身姿婀娜，风韵荡漾，她也享受不到这份等到风景都看透，一起看溪水长流的美好。

就这样，一个四十多岁的女人，经历了人生那么残酷的变故，却再一次，像少女一样恋爱了。她，重新活了过来。

然而生活中，别说四十多岁，就连很多刚满三十的女人，都已经面目全非，心如止水。

生活中的大事小情，耗光了她们的耐心；人生中的种种无奈，剥夺了她们的笑颜。曾经的如花美眷，终没能敌过似水流年，当年温柔甜美的小女孩，变成"内忧外患"、一脸彪悍的悍妇；曾经纯美善良的女人变得尖酸刻薄、狭隘自私。

自然也有一些女子，她们把生活的磨砺沉淀成人生智慧，不管尘世几许苦难，不管岁月几经雕琢，她们依旧一脸柔和，秋波似水。她们不是没有遭受伤害，但对人性依然信任，她们不是没有饱尝苦难，但对生活依然热情。她们在职场英姿飒爽，也会把生活经营得有滋有味；她们待人接物高雅大方，就算对自己最亲近的人，也不会如倒垃圾般口无遮拦；她们与孩子平等交流，也与爱人恬静相守。

她们就是这样一种美好的存在。这种美好，无关年龄。

第一章　优雅，是一种生活态度

时刻拥有一份高贵情怀

　　繁重的生活有时让我们不经意间忘记了生命的价值，那么，请静下心来想一下吧，给自己、给生命找一个高贵的理由，有了这个理由，你才会活得充实，活得有滋有味。

　　首先你必须告诉自己，权贵不等于高贵，富贵不等于高贵，尊贵不等于高贵，华贵不等于高贵。高贵是一种心灵的状态，是一种思想的境界，它与物质条件和身份地位无关。一个将赴刑场的死囚几乎一切都将不复存在——包括他的肉体，然而他却未必丧失半点追求并拥有高贵的理由。

　　在法国大革命的时候，很多贵族被杀了，包括国王路易十六，但其中很多人在走上断头台时，确实表现得很高贵。一个贵妇人在临刑前不小心踩到了刽子手的脚，马上向他道歉，对不起，请原谅。讲完这话之后，就被杀头了，她一直到死，始终保持着高贵。还有一个贵妇人，排队坐着等待行刑，因为人很多，大家坐着比较拥挤。她旁边的一个老太太一直在哭，她就站起来，让老太太可以坐得舒服一点。相比之下，老太太觉得自己太失态了，就不哭了。贵妇人的镇静，临

死前所表现的从容与优雅，是装不出来的，这就是一种内在的高贵。作为一个真正的高贵的人，就应该有这种高贵，这种尊严，处处都要体现出这种尊严。

做个高贵的人，不是要求穿戴华贵，身份特殊，住着金屋，而是一个人的修养、追求、处世、为人要有深度和广度。

一个高贵的女人，应该对长辈有孝心，对晚辈有爱心，对事业有忠心，对朋友有诚心；

一个高贵的女人，面对责任应该勇于承担，而不是借故推诿；

一个高贵的女人，应该情怀淡泊，而非利欲熏心；

一个高贵的女人，应该知恩图报，而非忘恩负义；

一个高贵的女人，应该宽宏大量，胸怀坦荡，而非斤斤计较，阴险狭隘；

一个高贵的女人，应该自尊自重，而非妄自菲薄；

一个高贵的女人，应该儒雅端庄，谈吐大方，而非家长里短，说三道四；

一个高贵的女人，应该温文尔雅，处世内敛，而非盛气凌人，刚愎自用；

一个高贵的女人，应该雪中送炭，救危济贫，而非落井下石，赶尽杀绝；

一个高贵的女人，应该从善如流，而非不分善恶。

高贵的情怀不会来自于一个空乏的头脑，也不可能归属一个粗鄙的心灵，它如牡丹一样，端庄典雅，国色天香。

第一章　优雅，是一种生活态度

爱自己，宠自己，疼自己

女人常常为了爱情付出一切，而往往忘了为自己留下一点空间，于是受伤的又往往是自己。所以女人一定要学会爱自己，在爱别人之前要先爱自己，学会尊重自己、欣赏自己。

在一本杂志上看到一篇有关梁晓声的文章，文章里有一段话，让人感悟良多。

梁晓声说他来世想做女人，但他会做一个平常的女人，一个没有花容月貌的女人，活得非常理智，绝不用全部的心思去爱任何一个男人。

他还说，用三分之一的心思去爱一个男人，就不算负情于男人了；用另外三分之一的心思，去爱世界和生活本身；再用那剩下的三分之一心思来爱自己。看了他的这段话，令人深有感触，那一句"再用那剩下的三分之一心思来爱自己"无法不让人动容。

在生活中，有多少女人用三分之一的心思爱过自己？恐怕用四分之一或五分之一的心思都很少。

从呱呱坠地之初，女人就习惯了在外界的观照中看清自己，借镜

子来观察自身的容貌，借别人的肯定或赞赏来认识自己的才华，渐渐生出依赖，离开别人的评价便找不到自己的位置。其实并不是这样的，动物从不需要同类给予肯定就可以生存下去，人作为高等动物，具有思想、意识，为什么就不能自我肯定呢？为什么就一定要从别人的眼光里寻找自身的价值呢？

爱自己有太多的理由，也有太多的方式，只可惜很多女性却没有意识到这一点。失恋的痛苦、生活的挫折和失败，早已让她们脆弱的心灵伤痕累累。因此，我们要对着所有的女人大声疾呼：爱别人之前，要先学会爱自己，要学会在恶劣的状况下保护自己，让自己的生命更加精彩，而不是成为他人的附属品。

学会爱自己，才不会虐待自己，才不会亏待自己，才不会强求自己做那些勉为其难的事情，才会按照自己的方式生活，走自己应该走的道路。才能在爱情到来的时候不迷失自己，才能在爱情离去的时候把握自己。

所以你要相信温暖、美好、信任、尊严、坚强这些老掉牙的字眼。不要颓废、空虚、迷茫、糟践自己、伤害别人。

要好好去爱，去生活。青春如此短暂，所以要珍惜那好时光。

给自己一个远大的前程和目标，记得常常仰望天空，当然仰望天空的时候也别忘了看看脚下。

照镜子的时候，一定要对着自己微笑，跟自己说，"我很好，我能行！"

被朋友伤害了的时候，别怀疑友情，但提防背叛你的人。原谅，

第一章 优雅，是一种生活态度

但并非遗忘。

女人，无论什么时候都不要作践自己，就算再伤心、再无助、再孤独，也要学会爱自己！

红粉佳人，不离胭脂更需内涵

人们常说："三分长相，七分打扮。"一个女人，如果不懂得利用化妆来演绎自己的风情和美丽，那真是一种遗憾，而如果一个女人太看重化妆而又不懂化妆，那就更让人惋惜了。

我们其实渴望自己是化不化妆都很美的女人。就是说，我们不能总是"一张不化妆的脸"，也不能总是"一张化着妆的脸"。那都太单调、太乏味。

女性在化妆时的表情和心情是最好的，抹眼影涂口红的瞬间，眼睛和身心都会因为美丽的层层实现而大放异彩；落妆时则有卸下束缚的放松感和自由感带来的惬意。

女人身上总有一场看不见的"化妆"与"素面"的争论，她们在比较谁更漂亮。此时的女人一定会站在"素面"一边，因为女人在无意识中都希望自己化妆前比化妆后更美丽。实际上这种美化了"素

面"不输给"妆面"的心理会成为一种能量,会在每晚鼓励着女人,认为"素面"真的会增添些美丽,而不怕年龄的增长。不久后,女人又希望用化妆使"素面"的美丽增倍,渐渐地,随着化妆技巧的提高,"妆面"也变得更美了。

"素面"与"妆面"来回交替的过程中,女人变得更美了,这就是化妆真正应达到的效果。因此,女人应谨记,千万不要成为"永远不识真面目的女人"或"永远不化妆的女人"中的任何一种。

有一位化妆师,她是真正懂得化妆,而又以化妆闻名的。

一次,有人问她:"你研究化妆这么多年,到底什么样的人才算会化妆?化妆的最高境界到底是什么?"

对于这样的问题,这位千娇百媚的化妆师微笑着说:"化妆的最高境界可以用两个字形容,就是'自然',最高明的化妆术,是经过非常考究的化妆,让人家看起来好像没有化过妆一样,并且这化出来的妆与主人的身份匹配,能自然表现那个人的个性与气质。次级的化妆是把人突显出来,让她醒目,引起众人的注意。拙劣的化妆是一站出来,别人就发现她化了很浓的妆,而这层妆是为了掩盖自己的缺点或年龄的。最差的一种化妆,是化过妆以后扭曲了自己的个性,又失去了五官的协调。"

化妆师又继续说:"这就像写文章一样,拙劣的文章常常是词句的堆砌,扭曲了作者的个性;好一点的文章是光芒四射,吸引了人的视线,让别人知道你是在写文章;最好的文章,是作家情感自然的流露,不是词藻的堆砌,读的时候不觉得是在读文章,而是在读一

第一章 优雅，是一种生活态度

个生命。"

多么有智慧的人呀！可是，"到底化妆的人只是在表皮上做功夫。"对方感叹地说。

"不对的，"化妆师说，"化妆对女人来说只是最末的一个枝节，它能改变的其实很少。深一层的化妆是改变体质，让一个人改变生活方式。保证睡眠充足、注意运动与营养，这样她的皮肤得到改善、精神充足，比化妆有效得多；再深一层的化妆是改变气质，多读书、多欣赏艺术、多思考，对生活乐观、对生命有信心、心地善良、关怀别人、自爱而有尊严，这样的人就是不化妆也丑不到哪里去，脸上的化妆只是化妆最后的一件小事。我用三句简单的话来说明，三流的化妆是脸上的化妆，二流的化妆是精神的化妆，一流的化妆是生命的化妆。"

然而，岁月无情，时间是摧毁女性娇容最残酷的杀手。谁也无法拦住时间的列车，也无法使自己的肌肤永远像少女一样娇嫩白皙。于是，用化妆来掩盖岁月之痕，便成为古今中外女性留住青春的重要手段。

其实，浓妆艳抹毕竟只是一种精神上的自我安慰，化妆品美容的功效毕竟是经不起岁月考验的。美不仅仅表现在肌肤的细嫩白皙上，女性的美更表现在优雅、成熟、有文化的内涵上。于是，一些聪明的女性在充分认识化妆品美容功效的局限性后，开始将心思用在了培养气质美、成熟美、情操美，以及丰富心灵的内涵上，这样的美才能愈久愈醇，永葆生命的活力。

活出自己，才是幸福

人在一定程度上要为自己而活。是的，为自己而活，不能一味地为别人而活。

我们的成功是我们亲手创造的，别人的路不一定适合我们，不要盲目崇拜任何人。你是上帝的原创，不是任何人的附属品，所以在你有限的时间里，活出自己的人生，这才是幸福的。

露西正在弹钢琴，7岁的儿子走了进来。他听了一会儿说："妈，你弹得不怎么动听啊？"

不错，是不怎么动听。任何认真学琴的人听到她的弹奏都会退避三舍，不过露西并不在乎。多年来，露西一直这样不动听地弹，弹得很高兴。

露西也喜欢自得其乐地歌唱和绘画。从前还热衷于不高明的缝纫，后来做久了终于做得不错。露西在这些方面的能力不强，但她不以为耻。因为她不愿意活在别人的价值观里，她认为自己有一两样东西做得不错。

"啊，你开始织毛衣了。"一位朋友对露西说，"让我来教你用

第一章 优雅，是一种生活态度

卷线织法和立体织法来织一件别致的开襟毛衣，织出 12 只小鹿在襟前跳跃的图案吧。我给女儿织过这样一件。毛线是我自己染的。"露西心想，我为什么要找这么多麻烦？做这件事只不过是为了使自己感到快乐，并不是要给别人看以取悦别人的。所以，当露西看着自己正在编织的黄色围巾每星期加长 5 ～ 6 厘米时，还是自得其乐。

从露西的经历中不难看出，她生活得很幸福，而这种幸福的获得正在于，她做到了不是为了向他人证明自己是优秀的而有意识地去博得别人的认可。改变自己一向坚持的立场去追求别人的认可并不能获得真正的幸福，这样一条简单的道理并非人人都能在内心接受，并按照这个道理去生活。因为他们总是认为，成功者所享受到的幸福就在于他们得到了这个世界大多数人的认可。

其实，获得幸福的最有效方式就是不为别人而活，不让别人的价值观影响自己，就是避免去追逐它，就是不向每个人去要求它。通过和你自己的心灵紧紧相连，通过把你积极的自我形象当作你的顾问，通过这些，你就能得到更多的认可。

生命很短暂，所以不要为别人而活。不要被教条所限，不要活在别人的观念里。不要让别人的意见左右自己内心的声音。要勇敢地去追随自己的心灵和直觉，只有自己的心灵和直觉才知道你自己的真实想法，除了你的心灵和直觉，其他一切都是次要的。我们无法改变别人的看法，能改变的只有我们自己。想要讨好每个人，这是愚蠢的，也是没有必要的。与其把精力花在一味地去献媚别人，无时无刻

地去顺从别人，还不如把主要精力放在踏踏实实做人上、兢兢业业做事上。

一个人时，一个人走

人缺少的往往是拥有一颗独处时淡定的心。在太过喧嚣的生活环境里，我们更容易迷失自我。所以，不如像黑格尔说的那样："背起行囊，独自旅行，做一个孤独的散步者。"

很多人喜欢三毛，喜欢她对自由的诠释。可是，为何这么多年过去，再没有出现一个像三毛一样的人？为什么她的自由只能被默默欣赏，而无法直接效仿呢？因为我们害怕孤独，无法像她一样摆脱尘世的杂念，故而得不到她那样的自由。

我们崇拜三毛行走在撒哈拉大沙漠里的洒脱，可大部分人只敢跟着旅行团走马观花，又有几人愿意背起简单的行囊独自去旅行呢？我们大多数人都是这复杂世界中的一颗棋子，心甘情愿地接受他人的摆布，这些包括我们的亲人、朋友、上司，甚至可能是这世界上的任何一个人。我们害怕如果不接受摆布就会被排斥，我们无法承受那样的孤独，所以当三毛的心飞向自由时，我们却心甘情愿地被束缚。

第一章 优雅，是一种生活态度

也有人认为三毛很软弱，因为她的文字总是写满忧伤，她的故事里总是带着感伤。或许他说的没错。但谁又能说，这不是三毛对内心孤独的一种面对与释放呢？

三毛的孤独来自于她对"自己"二字的定义。三毛说："在我的生活里，我就是主角。对于他人的生活，我们充其量只是一份暗示、一种鼓励、一种启发，还有真诚的关爱。这些态度，可能因而丰富了他人的生活，但这没有可能发展为——代办他人的生命。我们当不起完全为另一个生命而活——即使他人给予这份权利。坚持自己该做的事情，是一种勇气。"

现代的女性虽然不再像古时那样嫁夫从夫、三从四德，可大部分女人还是心甘情愿地牺牲自己来成全男人，直到伤得体无完肤，才知道什么叫"爱自己"。三毛也很爱荷西，可她从来没有因为爱荷西而失去自我，她说："我不是荷西的'另一半'，我就是我自己，我是完整的。"为了自己，三毛孤独地生活着。

在《稻草人手记》的序言里，有这样一段描写，一只麻雀落在稻草人身上，嘲笑它："这个傻瓜，还以为自己真能守麦田呢？他不过是个不会动的草人罢了！"话落，它开始张狂地啄稻草人的帽子，而这个稻草人，像是没有感觉一般，眼睛一动不动地望着那一片金色的麦田，直直张着自己枯瘦的手臂，然而当晚风拍打它单薄的破衣裳时，稻草人竟露出了那不变的微笑来。三毛就像这稻草人，执着地微笑着守护内心中那片孤独的麦田。

作家司马中原说："如果生命是一朵云，它的绚丽，它的光灿，

它的变幻和飘流,都是很自然的,只因为它是一朵云。三毛就是这样,用她云一般的生命,舒展成随心所欲的形象,无论生命的感受,是甜蜜或是悲凄,她都无意矫饰,字里行间,处处是无声的歌吟,我们用心灵可以听见那种歌声,美如天籁。被文明捆绑着的人,多惯于世俗的烦琐,迷失而不自知。"

世人根本没有必要为三毛难过,而应该为她高兴,因为她找到了梦中的橄榄树。在流浪的路上,她随手撒拨的丝路花雨,无时不在治疗着一代人的青春疾患,她的传奇经历已成为一代青年的梦,她的作品已成为一代青年的情结。她虽死犹生。

有时候,给自己一些孤独时光,做一个孤独的散步者,你会越走越和谐,越走越从容,越走越懂得享受人与人之间一切平凡而卑微的喜悦。当有一天,走到天人合一的境界时,世上再也不会出现束缚心灵的愁苦与欲望,那份真正的生之自由,就在眼前了。

从平凡的生活中寻找自己的幸福

世界上的大多数人都很平凡,但平凡的人生同样可以光彩夺目。因为任何生命——平凡的生命和伟大的生命,都是从零开始的。只是

第一章 优雅，是一种生活态度

平凡的人离零近些，伟大的人离零远些。

清清是一个细致的、朴素的女孩，家境一般，大学二年级在读生。一个男生喜欢她，但同时也喜欢另一个家境很好的女生。在他眼里，她们都很优秀，也都很爱他，他为选择自己的另一半犯难。有一次，他到清清家玩，当走到她简陋但干净的房间时，他被窗台上的那瓶花吸引住了——一个用矿泉水瓶剪成的花瓶里插满了田间野花。

他被眼前的情景感动了，就在那一刻，他选定了谁将是他的新娘，那便是摆矿泉水花瓶的那个女孩。促使他下这个决心的理由很简单，那个女孩子虽然穷，却是个懂得如何生活的人，将来，无论他们遇到什么困难，他相信她都不会对生活失去信心。

雅莉是个普通的职员，生活简单而平淡，她最常说的一句话就是："如果将来我有了钱啊……"同事们以为她一定会说买房子买车，她的回答却令人大吃一惊："我就每天买一束鲜花回家！""你现在买不起吗？"同事们笑着问。"当然不是，只不过对于我目前的收入来说有些奢侈。"她也微笑着回答。一日，她在天桥上看见一个卖鲜花的乡下人，他身边的塑料桶里放着好几把雏菊，她不由得停了下来。这些花估计是乡下人批来的，又没有门面，所以花卖得便宜，一把才5元钱，如果是在花店，起码要15元！于是她毫不犹豫地掏钱买了一把。

她兴奋地把雏菊捧回了家，在她的精心呵护下这束花开了一个月。每隔两三天，她就为花换一次水，再放一粒维生素C，据说这样可以让鲜花开放的时间更长一些。每当她和孩子一起做这一切的时

候，都觉得特别开心。一束雏菊只要5元钱，但却给雅莉和家人带来了无穷的快乐。

关琳是某大型国企的一名普通的小员工，每天做着单调乏味的工作，收入也不是很多。但关琳却有一个漂亮的身材，同事们常常感叹说："关琳如果穿起时髦的高档服装，都能把一些大明星比下去！"对于同事的惋惜之词，关琳总是一笑置之。有一天，关琳利用休息时间清理旧东西，一床旧的缎子被面引起了她的兴趣——这么漂亮的被面扔了实在可惜，自己正好会裁剪，何不把它做成一件中式时装呢！等关琳穿着自己做的旗袍上班时，同事们一个个目瞪口呆，拉着她问是在哪里买的，实在太漂亮了！从此以后，关琳的"中式情结"一发不可收拾：她用小碎花的棉布做了一件立领带盘扣的风衣，她买了一块红缎子面料简单加工后，就让她常穿的那条黑长裙大为出彩……

三个身处不同环境的平凡女人有一个共同点：她们都能从平凡的生活中找到属于自己的幸福。清清不富裕，但她却懂得尽力使自己的生活精致起来；雅莉生活平淡，她却愿意享受平淡的生活，并为生活增添色彩；关琳无法得到与自己的美丽相称的衣服，但她没有丝毫抱怨，尽量利用已有的东西装点自己的美丽。所以最快乐的人并不是一切东西都是美好的，她们只是懂得从平淡的生活中获取乐趣而已。

第一章 优雅，是一种生活态度

学会容纳，而不是挑剔

一帆风顺的人生不会存在，坎坷的人生也不是最悲惨的，痛苦和快乐都取决于内心。你要做的就是接受这一切，坦然地接受，大度地包容，哪怕这些是最痛苦的事情。

雅文拥有一切。她有一个完美的家庭，住海景洋房，从来不用为钱发愁，而且，她年轻、漂亮、聪慧。

男人和她一起外出是一件乐事。在餐厅里，你会看到邻桌的男士频频向她注目，邻桌的女士为她而相互窃窃私语……有她的陪伴，你感觉很棒。她让你由衷地认为做男人真好。

不过，当所有闲聊终止的时候，这样的一刻出现了：雅文开始向你讲述她悲惨的生活——她为减肥而跳的林波舞，她为保持体形而做的努力，她的厌食症。

你简直不敢相信自己的耳朵！这位美丽的女士真实地、深切地认为自己胖而且丑，不值得任何人去爱。当然，你会对她说，她也许弄错了。事实上，这世界上的一半人为了能拥有她那样的容貌，她那样的好运气和生活，宁愿付出任何代价。不，不，她悲哀地挥

着手说，她以前也听过类似的话。她知道这话只是出于礼貌，只是一种于事无补的慰藉。你越是试图证实她是一位幸运的女孩，她越是表示反对。

或许是生活真的给了她太多，令她反而觉得一切都是那么理所当然，于是对生活的期望也越来越高，乃至于一点微小的缺憾都不能容忍。现在的她需要明白：生活并不完美，生活从来也不必完美。生活能否美如画，取决于你的活法。

许多人都听过"超人"克里斯托夫·瑞维斯的故事。他曾经又高又帅、又健壮、又知名、又富有。可是，一次，他不慎从马上跌落下来，使他摔断了脖子。从此，他不能再自由地走动了。现在，他坐在轮椅里……

不过，瑞维斯和雅文有所不同：他感谢上帝让他保留了一条生命，使他可以去做一些真正有意义的事——为残疾人事业而努力工作；而雅文则是为她腹部增加或减少了几毫米厚的脂肪或悲或喜着。

生活并不完美，但是也并不悲惨。人来到这个世界上，不是为了享受生活或体验悲惨的。

不能因为有人说我们活着是为了享受的，所以遇到悲惨就不想活了；也不能因为有人说我们活着就是为了体验苦、经历磨难的，所以好日子就被鄙视了。

其实，幸福与悲惨不都是生活吗？

如果人生的意义、目的，可以说清道明，那世界上的人不都一样了？都做一样的事，都过一样的生活，那生活就过于单调了。

第一章　优雅，是一种生活态度

悲不悲惨，快不快乐是一种感觉，每个人在心里怎样告诉自己，就会拥有怎样的生活，或悲，或喜。

在智慧里行走，在优雅处丰盈

女人的一生应该是一部艺术片，如果缺少了艺术感，那也就称不上完美了。很显然，这部影片需要用美丽与智慧来演绎，美丽与智慧是人生的艺术，会铸就艺术的人生，更是我们自己优雅的生活态度。

造物主赋予女人很多角色，我们或是伟大的母亲，或是贤惠的妻子，或是乖巧的女儿……于是，我们被人喻为大地、喻为水、喻为花……不管怎样去看，作为女人，我们都是骄傲的、幸福的、美丽的，而如果我们能够在这美丽之上再平添几分智慧，那么我们的生活将会变得至善至美。

随着智慧的积累而不断成长起来的女人，有着一种由内而外所散发出的美，有着一种令人欣赏和赞叹的美。不要觉得这美丽与智慧遥不可及，事实上它就存在于我们生活的每一个细节之中。

假若我们善良，我们就是美丽与智慧的。因为我们懂得爱自己，更懂得爱身边的每一个人。

美丽与智慧的女人不一定很有钱,事业上也未必辉煌。但她们一定很会创造生活,很懂得享受生活,一定能在自己所扮演的角色中,展现出自己最好的一面。当人生出现变故之时,她们总能临危不乱,既承受得了那份苦,又懂得如何去克服。不管生活是酸是甜,事业是成是败,人生是平凡还是辉煌,她们都能以一种平和的心态去对待,她们永远是在感恩生活,是在享受生活,而不是抱怨生活。

美丽与智慧的女人并不一定要艳若桃李,媚压群芳,但她们一定充满自信。她们会将自己装点的气质不俗,让自己的一言一行、一颦一笑、举手投足,都显得落落大方,周到得体。这份美丽与智慧并非天生,但却发自于内心深处,是一种由内而外散发出来的独特气息,是女性经过生活沉淀后得到的一种升华。这样的女人,无论站在哪里,都是一道美丽的风景。

智慧之美是女人在生活的历练中逐渐发掘、打磨的,它不会如容颜一般在岁月的流逝中褪去颜色,反而会如醇酒一般历久弥香。

第二章　提升修养：
女人可以没钱，但不能没有修养

有修养的女人是不老的女人。岁月虽然可以夺走她们的红颜，却夺不走她们经过积淀而焕发出的光彩。这就是修养，就像秋天里弥漫的果香一样，由内而外散发出来。它赋予女人一种神韵、一种魅力、一种气质和一种品位，自然流露，从容娴雅，让人愉悦。

十分性感，不及一分内涵

做一个引人侧目的女人，未必要有绝色的姿容，也不一定非要做个性感的尤物，但有一点必不可少，那就是你的内涵——你的品位与修养。

日本有一部电影叫《川流不息》，一个极力歌颂真、善、美的故事，情节虽单调但其真挚的情意又深深地打动观众：少女时代就离开故乡的女作家，60 岁患癌症时返回了故乡，她拒绝手术，因为那样就得躺在床上不能行动了，而不动手术就只能活 3 个月。她选择了这 3 个月，为的是去实现返回故乡、与初恋情人和旧时好友团聚的心愿。

这位女作家虽然不再年轻，但依然很漂亮，这种漂亮缘于她一生无悔的追求所造就的优雅气质和对生活的品位以及认知。女作家是真正的外柔内刚，她追求美丽，但也不惧怕死亡，甚至把死也当成婚礼一样的盛典：化好妆，身着华丽的和服，端坐在椅子上对着摄像机，诉说着自己最后的人生感悟，并深情地唱起了一首歌……这首歌感动得所有的人都流泪。你觉得她会衰老吗？她会死，但不会老。或者是即使老了也依然是美丽的。因为这就是一个女人的优雅，一个女人的

第二章 提升修养：女人可以没钱，但不能没有修养

品位，不因容颜的老去而减少，反而会因此而让品位添色，这也是女人美丽的根源所在。

有一位中国女作家曾在一篇文章中写道，在国外，你随处可以看见静静地坐在公园里读书或是听音乐的老人，自得其乐地享受着人类文明的结晶。在外国的大教堂里，那些穿着得体、举止优雅的老太太，她们那高贵的气质刹那间让她自惭形秽。她相信在中国再美丽的女影星也无法同她们媲美。那是一种足以与岁月抗衡的文化修养的结果，是一种文化的品位。你能说那些老太太不是美丽的吗？

相反，美国作家杰克·伦敦笔下曾出现过这样一个美女：

那是一位风姿绰约、仪态万方的贵族女士，她从游轮的甲板上走过，所有的男士都会为她所倾倒，争相向她致意，向她大献殷勤。

当时，游轮尚未起航，一群绅士与淑女闲着无聊，便和几个男孩做游戏。他们将一枚金币抛向海面，紧接着男孩子们便会跳下去，谁能捞到，金币就归谁所有。其中有一个男孩尤其引人注目，作者形容他就像一个发亮的水泡，他的灵活和矫健赢得人们的一致赞叹。

忽然间，海面上出现了鲨鱼，众绅士、淑女连忙住手，而那位美女却从身边的绅士手中拿起金币，忘乎所以地抛向海中。几乎同时，那个漂亮、矫健的少年鱼跃而下，随即便被海中的鲨鱼咬成了两段。

众人目瞪口呆，继而纷纷离去，没有人愿意再多看那位美女一眼……

可以想象，在平日里，这位贵族出身的美女必然是以一身高贵的气质、雅致的装扮而存在，任谁都会为她所吸引，可是，她的做法却

折射出灵魂的粗俗与肮脏,这样的人又何谈品位与修养?即便风华绝代,又有谁愿意再多看她一眼呢?

女人的品位就是女人的优雅,这种优雅不分贫富、贵贱,它是一种处乱不惊、以不变应万变的心态,也可说是一种历练。做一个美丽雅致的女人,做一个有品位的女人,就是相信自己、相信爱情、相信人生中所有美好的东西,而唯一应该忘掉或平淡对待的就是痛苦。要知道痛苦是一种经历,会让女人在以后的生活中更为雅致,更为有品位,更为美丽。

只要善良的,就是美丽的

同情心与人性密不可分,因为有了同情心,才有了人性;同样,有了人性才有同情心。作为女子,即使我们的身躯娇弱,即使我们手无寸铁,但只要我们拥有并播撒自己的同情心,我们的形象就会光彩照人,我们的力量就足以征服一切。英国的黛安娜王妃就是这样一位用同情心征服世界的女人。

黛安娜王妃经常带孩子们到普通人中间去,让他们了解民间疾苦,培养他们的爱心。她还多次带他们去无家可归者聚集的旅馆访

第二章 提升修养：女人可以没钱，但不能没有修养

问，去医院探访艾滋病患者和其他伤病员，要他们学会关心人、爱护人。

她把更多的精力投入到了慈善事业中。在她的一生中，她共参与了150个慈善项目，并且是超过20个慈善机构的赞助人或主席。她曾表示，希望自己成为英国人心目中的"爱心皇后"，这不仅为她赢得了英国民众的爱戴，也让她得到了国际社会的认同，"公益大使""爱心大使""国际和平大使"等头衔纷纷戴在了她的头上。

黛安娜这种对公益慈善事业的热心，绝对不是贵族名人例行的表演，对她来说，乐于助人是天性。早在少女时代，她对老人、儿童的善心就已有口皆碑，她还因为对学校和社区服务的突出贡献，被学校授予了克莱克·劳伦斯小姐奖。

类似这样的爱心举动，即使在黛安娜成为王妃之后，也始终不曾放弃。每年，黛安娜都要参加200多项官方活动，她真诚地去关爱那些常人也不愿接近的乞丐、病人、残疾人，并且尽量长时间地与他们交谈；她为那些无家可归者详细地抄写救济院的名称和地址，给他们一些实实在在的帮助；她在津巴布韦为难民分发食品；在萨拉热窝访问战争致残的儿童。

黛安娜像是一位落入凡间的爱心天使，虽然顶着一座尊贵无比的英国王妃桂冠，但是，她却永远是那么平易近人，为民众所喜爱，她以她独特的身份和影响力，致力于改善那些处在水深火热之中的人民的命运。她每到一地，都会引起世人对这一地区存在问题的关注。

黛安娜是第一个站出来向全世界发出同情艾滋病人的国际名人。

  1991年7月的一天，当时的美国总统夫人芭芭拉·布什与黛安娜一同探访一家医院的艾滋病病房。在与一位病得已经起不来的患者聊天时，黛安娜给了他一个大大的拥抱，患者禁不住流下热泪，总统夫人和其他在场的人都被深深地打动。

  黛安娜说过，艾滋病患者更需要温暖的拥抱，她身体力行，实践了自己的诺言。

  她的好友安吉拉眼中的黛安娜，"美丽得远远超出美丽的简单定义，虽然自身生活不幸福的阴影笼罩着她，但她丰富的内心世界却迸射出夺目的光芒。"

  "她绝不是一个华而不实、散发着香味的装饰品。有她在，气氛总是那么快乐，一种理解痛苦的快乐。"一个目睹黛安娜陪伴在即将辞世的艾瑞身旁直至其去世的护士这么评价她。确实，因为懂得，所以慈悲！

  在黛安娜生命中的最后几年中，她开始成为一名反地雷机构的最出名的支持者，她参加了许多重大的、值得纪念的清理地雷现场的活动。

  黛安娜对慈善事业的热情和对民众疾苦的深切关怀，使她赢得了"和平王妃"的尊称。英国首相布莱尔更是称黛安娜是"人民的王妃"。布莱尔说，黛安娜的个人生活经常遭遇到麻烦和苦恼，然而她给社会中那些需要帮助的人们带来的却是欢乐和安慰。

  女人原本只是一张白纸，善良品质从一点一滴的小事中积累而成。没有同情心就没有了善良，没有了善良就没有了人性。缺失了人

第二章 提升修养：女人可以没钱，但不能没有修养

性，怎么会有人道？做女人就要做一个像黛安娜王妃那样善良的、富有同情心的女人。我们应该自觉帮助那些弱者或是无自理能力的人；帮助那些陷入困境的人。

是的，我们要做个富有同情心的女人，我们要学会与别人一起去承担苦难；要学会用心去关怀弱者；要学会以情去感动人。我们大可不必为自于拙于言辞、不谙世事而苦恼，只要我们拥有一颗同情心，我们就能够成为这世界上最优雅、最美丽的女人。

有所表现，也应有所顾忌

人与人交往，重要的是双方的沟通和交流。在整个谈话过程中，如果只有一个人在说，就不容易与对方产生共鸣，这样就达不到沟通和交流的效果。就是说，交谈中要给他人说话的机会，一味地唠叨就会使人不愿意与你交谈。

林枫是某大学外国语学院的学生会会长，他一表人才，能言善辩，口才极佳。但他有一个特点，凡事争强好胜，常因为一些问题与别人争得面红耳赤，还非得争个输赢出来才肯罢休。他总认为自己说的话有道理，别人说的话没道理。别人的看法和观点，常常被他驳得

一无是处。大家讨论什么问题时,只要他在场,就会疾言厉色,一会儿反驳这个,一会儿又批评那个,好像只有他一个人是正确的,别人都不如他。就这样,他常常会把气氛弄得很紧张,最后大家只好不欢而散。

还有的人,十分热衷于突出自己,与他人交往时,总爱谈一些让自己感到荣耀的事情,而不在意对方的感受。40岁的A女士就是这样一个人,不论谁到她家去,椅子还没有坐热,她就把家里值得炫耀的事情一件一件地向你说,说话的表情还是一副十分得意的样子。一位老同学的丈夫下岗了,经济上有点紧张,她知道了,非但没有安慰人家,反而对这位同学说:"我家那口子每月工资6000元,我们家怎么花也花不完。"她丈夫给她买了一件漂亮的衣服,因为很值钱,她就跑到人家那里去炫耀:"这是我丈夫在香港给我买的衣服,猜一猜多少钱?1800元。"说完还很得意地看了别人一眼,意思是:"怎么样,买不起吧。"

表现自己,虽然说是人的共同心理,但也要注意尺度与分寸。如果只是一味热衷于表现自己,轻视他人,对他人不屑一顾,这样很容易给人造成自吹自擂的不良印象。

一个人在与别人相处和交往的时候,要多注意别人的心理感受。只有抓住了别人的心理,才能真正赢得别人的赞赏与好感;如果你只知道表现自己,抢着出风头而不给别人表现的机会,你就会遭到别人的怨恨,使自己陷入尴尬的境地。

第二章 提升修养：女人可以没钱，但不能没有修养

取悦谁，也不如取悦自己

人的本性趋向于寻求他人的赞美和肯定，尤其对于有威望或有控制力的对象（如父母、老师、上司、名人名流等），他们的赞美肯定更加重要。取悦者会沉迷于取悦行为所换得的肯定，这很好解释，如果某件事让人有了愉悦的体会，那他就可能持续做这件事，以便继续维持这种美好的感觉。

为了取悦别人而活着，最终必然丧失真正的自己。只有先取悦自己，做最好的自己，然后才能得到他人的喜欢和尊敬。

一位女诗人，写了不少的诗，也有了一定的名气，可是，她还有相当一部分诗却没有发表出来，也无人欣赏。为此，女诗人很苦恼。

女诗人有位朋友，是位哲学家。这天，女诗人向哲学家说了自己的苦恼。哲学家笑了，指着窗外一株茂盛的植物说："你看，那是什么花？"女诗人看了一眼植物说："夜来香。"哲学家说："对，这夜来香只在夜晚开放，所以大家才叫它夜来香。那你知道，夜来香为什么不在白天开花，而在夜晚开花呢？"女诗人看了看哲学家，摇了摇头。

哲学家笑着说："夜晚开花，并无人注意，它开花，只为了取悦

自己！"女诗人吃了一惊："取悦自己？"哲学家笑道："白天开放的花，都是为了引人注目，得到他人的赞赏，而这夜来香，在无人欣赏的情况下，依然开放自己，芳香自己，它只是为了让自己快乐。一个人，难道还不如一种植物？"

哲学家看了看女诗人又说："许多人，总是把自己快乐的钥匙交给别人，自己所做的一切，都是在做给别人看，让别人来赞赏，仿佛只有这样才能快乐起来。其实，许多时候，我们应该为自己做事。"女诗人笑了，说："我懂了。一个人，不是活给别人看的，而是为自己而活，要做一个有意义的自己。"

哲学家笑着点了点头，又说："一个人，只有取悦自己，才能不放弃自己；只要取悦了自己，也就提升了自己；只要取悦了自己，就能影响他人。要知道，夜来香夜晚开放，可我们许多人，却都是枕着它的芳香入梦的啊！"

人，如果总是忙着取悦别人，去为别人的期望而生活，就会忽视自己的生活，忽视自己到底喜欢什么、到底想要什么、到底需要什么，最后，忽视了自己的存在。可是，你拥有自己的人生，这是你的一项权利，你为什么要放弃？你对自我的放弃，能换来的其实只是更多的蔑视和鄙夷。

所以，女人，别老想着取悦别人。一辈子不长，记住：对自己好点。

第二章 提升修养：女人可以没钱，但不能没有修养

不喜欢的不要，别委屈自己

女人，爱自己是最重要的。对你不情愿做的事情要大声说"不"。比如酒席上，轮到你喝酒，而你又不善饮，大可以茶代酒，而不要勉强饮下。

女人凡事都要有自己的思想和主见，在这一点上职业女性要做得稍微好一点，但是因为工作的关系，她们难免会碰到一些自己不情愿而又不得不去做的事情，譬如陪客户喝酒、唱歌等，因为复杂的人际关系，很多女人选择了忍耐，其实如果你真的不喜欢这样，大可以用拒绝来维护女性的尊严。要知道，正派的客户谈生意是不需要你这样牺牲的，你靠的是能力而不是色相。

小艾是刚分配到公司的员工，属于广告创意部。刚上班一个星期，老板就让她出去陪一个客户唱歌，并声明陪同的还有几个人，都是正常的生意关系。小艾很不情愿，但还是去了，因为她不想失去这份高薪的工作。

3个40岁左右的男人在包房里叫了几个年轻漂亮的女孩一起唱歌、跳舞、喝酒，小艾看着这些和自己父亲年龄相仿的男人，心里一

阵反感，但又不得不赔笑应付。还好，那天客户只顾着高兴，没对她有什么过分的举动，否则她真不知道该如何应付才是。

企划案是通过了，可是小艾怎么也高兴不起来，她发现同事看自己的眼光也不一样了，鄙视中夹杂着些许的忌妒。有了第一次，就很难拒绝老板的第二次任务，小艾实在是进退两难。

女人，不喜欢的事情就不要去做，毕竟委屈的是自己。

在平常生活中也是一样，同事约你逛街、吃饭，如果你很累不想去，就一定要告诉她，不要以为平时关系很好怕她不理解。要知道，越是真正的朋友越应该关心你、体谅你。大声说"不"，在你不愿意的时候，千万不要做自己不喜欢的事情。记住：女人在什么时候都不要勉强自己。

当然，这不仅局限在工作中，对于恋爱期间的女人更有意义：千万不要为了满足男友的要求而献出某些最宝贵的东西。要知道，真正爱你的男人是不会勉强你的，更不会以此作为你不爱他的理由。保持自己的尊严，那样他才会更珍惜你。聪明的女人懂得如何拒绝，包括拒绝各种各样的诱惑。不懂得拒绝的女孩做事情很少有自己的底线和要求，当你的默认成为一种习惯，就很难再从理智中脱身。如何说出"不要"，是一门学问。

如果你不愿意，没有人可以强迫你，大声说"不"，为了自己。

第二章　提升修养：女人可以没钱，但不能没有修养

心若似海，便有一番壮阔

女人，也许很娇贵，也许很单纯，也许很浪漫，但拥有一颗宽容之心，才是她最可爱的地方。

宽容，它不是美貌，不是浪漫，而是一个人性格的明亮。这种明亮是一个人最吸引人的个性特征。

即便无法避免爱情的悲剧，最终到了各奔东西的时候，宽容的女人也不会忘了说声"夜深天凉，快去多穿一件衣服"。因为一个犯了错的人，他也许正在他的内心谴责着他自己，在这句话中，你不但在给自己机会，同时也在给别人机会。

现实生活中常常发生这样一类事情：

丈夫在生意场上爱上了一个合作伙伴，那是个腰缠万贯的独身女人，且年轻貌美，聪明能干。

妻子知晓后无法接受这一事实：大吵大闹，寻死觅活。"祥林嫂"般的见人就哭诉："都十几年的夫妻了，他居然这样。我要离婚！"

那男人看起来居然很委屈的样子，说："本来不想闹大，是她不依不饶，让我觉得没有办法在家里待下去了。"后来，丈夫坚决要离

婚，理由就是妻子太小气。

妻子此时也冷静下来了，分析了一下目前自己的处境后，她对丈夫说："我给你3个月的时间，让你去和她过日子。如果你们真的难舍难分，我成全你们；如果过不下去，你还可以回来，我们好好过日子。"

丈夫带着壮士一去不复返的豪迈走进了独身女人的家。两个月零七天后，丈夫回来了，说："我们好好过日子吧，我离不开你和女儿。"妻子微笑着接纳了丈夫……

我们先不谈论在这件事情上女人受到了多大的委屈，单看其结果，也足以说明：学会了宽容，最大的收益人是女人自己。

章含之的《跨过厚厚的大红门》中有这样一段话："有一次，别人看到乔冠华从一瓶子里倒出各种颜色的药片一下往口里倒很奇怪，问他吃的是什么药。乔冠华对着章含之说：'不知道，含之装的。她给我吃毒药，我也吞！'"这是一种爱的表达。

乔冠华是何等人物，他对爱的理解是如此之深。其实，每一个深深爱着的女人，都会心甘情愿地献出自己的一切，去悉心地照料、庇护她所爱的人。男人在女人面前是永远长不大的孩子，生活中他们有着太多的不可爱，然而女人不宽容他们，他们又有何幸福可言呢？

宽容，能体现出一个女人良好的修养、高雅的风度。宽容不是妥协，不是忍让，不是迁就，宽容是仁慈的表现，是超凡脱俗的象征，任何的荣誉、财富、高贵都比不上宽容。姐妹们要认识到，宽容别人其实就是宽容我们自己。女人，因容而柔，因宽而美，学会了宽容，我们才能活得更潇洒、更幸福。

第二章 提升修养：女人可以没钱，但不能没有修养

别对着你的男人碎碎念

结婚前，很少有女人爱唠叨，因为她们比较轻松，哪儿用得着担心家庭问题、孩子问题。可结婚之后，女人渐渐变得爱唠叨了，尤其是一些上了年岁的女人。

青春的流逝让她们备感伤心与无奈。同时，在生活工作中力不从心的感觉也让她们焦躁。偏偏她们的苦恼又得不到家人的理解。在这种情况下，她们只有通过不断地重复自己的观点，来吸引人们的注意，直至这种方式成为一种习惯。

绝大多数女人通常都不承认自己的唠叨，而是认为自己在生活中扮演的是"提醒"的角色——提醒男人完成他们必须做的事情：做家务，吃药，修理坏了的家具、电器，把他们弄乱的地方收拾整齐……但是，男人可不这样看待女人的唠叨。

女人总是责怪男人不该把湿毛巾扔在床上，不该脱了袜子随手乱扔，不该总是忘了倒垃圾。女人也知道这样做很容易激怒对方，但她认为对付男人的办法就是反反复复地重复某条规则，直到有一天这条规则终于在男人的心里生了根为止。她觉得她所抱怨的事情都是有

事实根据的，所以，尽管明明知道会惹恼对方，还是有充分的理由去抱怨。

看看男人的感受吧：在男人心里，唠叨就像漏水的龙头一样，把他的耐心慢慢地消耗殆尽，并且逐渐累积起来，成为一种憎恶。世界各地的男人都把唠叨列在最讨厌的事情之首。

心理研究人员发现，无论男人还是女人，哪怕是孩子，无休止的唠叨或指责对他们来讲，都是一种间接的、否定性的、侵略性的行为，会引起对方的极大反感——轻则使被唠叨者躲进"报纸""电视""电脑"等掩体里变得麻木不仁；重则腐蚀夫妻关系，点燃家庭战火。所以有人说，世界上最厉害的婚姻杀手，莫过于男人觉得妻子越来越像妈，而女人发现丈夫越来越像不成熟的、懒惰的、自私的小男孩。不仅如此，生长在爱唠叨家庭里的孩子，很容易成为软弱无能、缺乏个性的人。

所以，一个爱唠叨的女人，对整个家庭来说都是灾难。试想一下，当疲惫的丈夫回到家里，便陷入毫无头绪的抱怨和痛苦之中，而这时他最想做的，就是蒙头冲出家门。而年轻活泼的子女，更不能忍受你的唠叨，就算他们真的很爱你，但是大量的荷尔蒙分泌会使他们做出更让你伤心的举动来。

第二章　提升修养：女人可以没钱，但不能没有修养

永远不要放弃梦想

都说女人天生爱做梦，的确，有哪个女人没有为自己编织过最美丽的梦境呢？然而，大多数女人的梦境却又总是被时间、被柴米油盐冲刷得支离破碎。

女人啊！应该时时记住提醒自己，你不是管家，更不是保姆，不要为了任何人而丢掉自己。常言说："二十岁以前的生活是父母给的，二十岁以后的生活才是自己努力得来的。"如果父母没有给我们一张天使般漂亮的面孔，也没给我们一个魔鬼般的身材，更没给我们万贯的家财，他们只给了我们一个很平常的生命，那么，我们怎样能把这个生命填充成一道越来越美丽的风景呢？那就看你自己怎样努力了。这就是为什么有的女人未老先衰，而有的女人年纪越大，却越是魅力四射。

女人啊，当你把自己锁在琐碎的小事中，自己便感觉不到快乐，自己已经感觉不到快乐时，怎么可能带给家人快乐？女人不能没有梦想，没有梦想的女人就像是一颗被放入口袋的钻石，失去了光芒。

中国台湾作家女王曾经讲过她的一段经历。在她出书之前，曾遇

到一个在外企做管理的成熟稳重的男人。那个时候，她发表在博客上的文章已经开始受网友的追捧，不少出版社开始找她商谈出书事宜。而当时这个男人却对她说："我不希望我的女朋友那么高调，不希望她抛头露面不要去当什么作家，女孩子就要好好地上班，要不就在家乖乖地做家庭主妇。"

当时她好失望、好矛盾。如果辞掉工作走作家这条路，就可能失去他。一边是梦想，一边是男人。该选择谁？她很犹豫。后来她拒绝了出版社的编辑。自那次之后，她一度怀疑自己不适合当作家，变得不开心。后来她突然意识到，如果放弃这个机会，那么作家梦就会被永远地搁浅，或许人生就再也没有这样的机会了。于是，她抓起包就往电梯口跑去……

男人知道女王选择了当作家之后，只跟她说了一句话："你很自私。"然后就消失了。女王说，她一点都不后悔当初的选择。经过这次波折后才发现，女人不要轻易为了男人放弃自己的工作和梦想，一旦分手后就会什么都没有了。到那时候，他反而会来嫌弃你。

女人应该有自己的追求和梦想。不要在物质享受中迷失自己，也不要在柴米油盐中忘我牺牲，还是要有自己的天地和魅力的。

拥有梦想的女人，就是一只拥有矫健翅膀的鸿雁，可以自由翱翔；拥有梦想的女人，就像一叶逍遥的轻舟，可以乘风破浪；拥有梦想的女人，就如一朵能在四季绽放的鲜花，永远娇艳动人。梦想经过女人天性浪漫的大脑，可以为灰色的现实点缀上一抹绚丽的粉红。

第三章 强化礼仪：
知书达理的女人，页页都是一首诗

女人的美丽源自于对自身的不断塑造。知书达理的女人，如曲之有情，如灯之有光，如花之有芬芳，优雅之美，浑然天成。她们有着贵妇般的端庄，天使般的心肠，一脸阳光地俏立于芸芸众生之中，任谁也无法不投去赞许与艳羡的目光。

商务交往的3A原则

所谓商务交往中的"3A原则",即"布吉林3A原则",它是由美国著名学者布吉林教授率先提出的。这个原则的主旨是:将自己的友善恰到好处地向别人表达出来。所以说,这是商务女性非常有必要了解的。我们一起来看一下:

1A(accepet)——接受对方

它主要包含三个方面:

1. 要待己从严,待人从宽。

2. 不可刻薄、嚣张跋扈、自以为是、目中无人。

3. 接受的三个要点:①接受交往对象;②接受交往对象的风俗习惯;③接受交往对象的交际礼仪。

2A(appreciate)——重视对方

有句话说得好"想别人怎样对待你,你首先要怎样对待别人"。你想要对方重视自己,那么首先就要让对方感到受重视,不要让人家备受冷落。

第三章 强化礼仪：知书达理的女人，页页都是一首诗

3A（admire）——赞美对方：

在商务交往中，我们应以欣赏的态度肯定对方，要恰到好处地将赞美的作用发挥出来，不要过于夸张，以免适得其反。

打个比方：假如你的交往对象身材很是丰满，可你却一个劲地说她身材好，这在别人看来甚至会是一种讽刺，所以千万不要这样做。

以上便是"布吉林3A原则"的主要内容——接受对方、重视对方、赞美对方，这应该是商务女性待人接物的基本之道。希望能够引起大家足够的重视。

约见客户的礼仪

我们在约见客户时，一定要弄清"who"、"when"、"where"，即约见对象是谁，约见时间是多少，约见地点在哪。不要认为这只是一件很简单的事，这三个要点往往会决定你推销的成败。

1. 确定约见对象

我们必须搞清约见的对象到底是谁，对有权决定购买的推销对象进行造访，避免把推销努力浪费在那些无关紧要的人身上。在确定自己的拜访对象时，需要分清真正的买主与名义上的买主。

曾有这样一件事：一名推销小姐与某机电公司的购货代理商接洽了半年多时间，但始终未能达成交易，她感到很纳闷，不知问题出在哪里。反复思忖之后，她怀疑自己是否一直在与一个没有决定权的人士打交道。为了印证自己的猜测，她给这家机电公司的电话总机打了一个匿名电话，询问公司哪一位先生管购买机电订货事宜，最后从侧面了解到把持进货决定权的是公司的总工程师，而不是那个同自己多次交往的购货代理商。

能否准确掌握真正的购买决定者，是推销成功的关键。跟没有购买决定权或无法说服购买决定者的人，不管怎样拉关系、讲交情都无助于推销，充其量只能增进友谊罢了。

2. 选择约见时间

在日常工作中，千万不要以为只有上门访问的时候才算推销。不少推销员的计划没有成功，原因并不是设想本身有误，也不是主观努力不够，而是由于选择约见的时机欠佳。特别是在进行未曾约定的推销访问时，由于事先没有通知和预约，很可能对方具有决策权的"真正买主"出差在外或正忙于手头工作。这时如果突然上门，会使对方感到措手不及，也容易使推销活动无功而返。

要想掌握推销的最佳时机，一方面要广泛收集信息资料，做到知己又知彼。另一方面要培养自己的职业敏感度，择善而行。下面几种情况，可能就是我们拜访约见客户的最佳时间：

（1）客户刚开张营业，正需要产品或服务的时候；

（2）对方遇有喜庆之事时，如晋升提拔、获得某种奖励等；

第三章 强化礼仪：知书达理的女人，页页都是一首诗

（3）客户刚领到工资，或增加工资级别，心情愉快的时候；

（4）节假日之际或厂庆纪念、大楼奠基之际；

（5）客户遇到暂时困难，急需帮助的时候；

（6）客户对原先的产品有意见，对你的竞争对手最不满意的时候；

（7）下雨、下雪的时候。

在通常情况下，人们不愿在暴风雨、严寒、酷暑、大雪冰封的时候前往拜访，但许多经验表明，这种时候正是推销员上门访问的绝好时机，因为推销员在这样的情况下上门推销访问，常常会让客户心存感激。

由于访问的准客户、访问目的、访问方式及访问地点不同，最适合的访问时间也不同。若不能确定准确的访问时间，不仅不能达到预期的目的，而且还会令人厌烦。推销员确定访问时间时，应注意如下事项：

（1）根据被访问对象的特点来选择最佳访问时间，尽量考虑被访者的作息时间和活动规律，最好由被访者来确定或由被访者主动安排约见的时间。我们应设身处地地为客户着想，尊重对方意愿，共同商定约会时间。

（2）根据访问目的来选择最佳访问时间。尽量使访问时间有利于达到访问目的。不同的访问对象，应该约定不同的访问时间。即使是访问同一个对象，访问的目的不同，访问的时间也有所不同。如访问目的是推销产品，就应选择客户对推销产品有需求时进行约见；如访

问目的是市场调查，则应选择市场行情变动较大时约见被访者；如访问目的是收取货款，就应选择被访者银行账户里有款时约见被访者。

（3）根据访问地点和路线来选择最佳访问时间。我们在约见被访者时，需要使访问时间与访问地点和访问路线保持一致，要充分考虑访问地点、路线以及交通工具、气候等因素的影响，确保约见时间准确可靠，尽量使双方都方便、满意。

（4）尊重访问对象的意愿，充分留有余地。在约定访问时间时，我们应该把困难留给自己，把方便让给客户。应考虑到各种难以预见的意外因素的影响，约定时间必须留有一定的余地。除非你有充足的把握和周密的安排，我们不应该连续约定几个不同的访问被访者，以免一旦前面的会谈延长使后面的约会落空。

总之，我们应该加快自己的推销节奏，选择有利时机约见被访者，讲究推销信用，准时赴约，合理安排和利用推销访问时间，提高推销访问的效率。

3. 确定约会地点

在与推销对象接触的过程中，选择一个合适的约见地点，就如同选择一个合适的约见时间一样重要。从日常生活的大量实践来看，可供我们选择的约见地点有客户的家庭、办公室、公共场所、社交场合等。约见地点各异对推销结果也会产生不同的影响，为了提高成交率，我们应学会选择效果最佳的地点约见客户，从"方便客户、利于推销"的原则出发择定约见的合适场所。

（1）家庭。在大多数情况下，可选择对方的家庭作为拜访地点。

第三章 强化礼仪：知书达理的女人，页页都是一首诗

其中以挨家挨户的闯见式推销最为常见，推销的产品通常为日常生活用品。推销专家认为，如果推销宣传的对象是个人或家庭，拜访地点无疑以对方的居住地点最为适宜。有时，我们去拜访某法人单位或团体组织的有关人士，选择对方的家庭作为上门拜访的地点，也常常能收到较好的促销效果。当然，在拜访时如有与拜访对象有良好交情的第三者或者是亲属在场相伴，带上与拜访对象有常年交往的人士的介绍信函，在这些条件下，选择对方的家庭作为拜见地点，要比在对方办公室更有利于营造良好的交谈气氛。但是，如果没有这些条件，我们突然去某公司负责人家里上门推销访问，十有八九会让对方产生反感和戒备心理，将你拒之于大门之外。

（2）办公室。当我们向某个公司、集体组织或法人团体推销产品时，一般是往对方的办公室、写字间里跑，这几乎成为一种最普遍的拜访形式。特别是在工作时间，他们始终待在办公室里，处理公务、联系业务，而在其他时间里推销员不容易找到他们。选择办公室作为约见地点，推销双方拥有足够的时间来讨论问题，反复商议促使推销成功。当然，与客户的家庭相比，选择办公室作为拜访地点易受外界干扰，办公室人多事杂，电话铃声响个不停，拜访者也许不止你一个人，或许还有许多意想不到的事情发生，所以选择办公室作为造访地点，我们应当设法争取约访对象对自己的注意和兴趣，变被动为主动，争取达成交易。同时，如果对方委托助手与你见面，你还必须赢得这些助手们的信任与合作，通过这些人来影响"真正的买主"做出购买决定。

（3）社交场合。一位推销学专家和公关学教授曾说过这样的话："最好的推销场所，也许不在客户的家庭或办公室里，如果在午餐会上、网球场边或高尔夫球场上，对方对你的建议更容易接受，而且戒备心理也比平时淡薄得多。"我们看到，国外许多推销项目常常不是在家里或办公室谈成的，而是在气氛轻松的社交场所，如酒吧、咖啡馆、周末沙龙、生日聚会、网球场等敲定的。对于某些不喜欢社交，又不愿在办公室或家里会见推销人员的客户来说，公园、电影院、茶室等公共场所，也是比较理想的交谈地点。

约见真正的决策者，把握合适的约见时机，根据约见对象选择好约见地点，如果你能做好以上工作，那么你的推销就已经成功了一半。

商务陪同礼仪

作为一名商务女性，接待、陪同客户或许是我们经常要承担的工作，倘若行为失当，有所差池，不但是对我们自身形象的损害，更重要的是，公司很可能会因为我们的失误蒙受损失。所以，千万不要轻视了陪同这种"小事"。那么，在陪同的过程中，我们究竟应该注意

第三章 强化礼仪：知书达理的女人，页页都是一首诗

哪些礼仪呢？大家一起去看一下：

乘车时，基本的礼仪是，我们应先行一步打开车门，等客人坐稳以后，再轻轻关上车门。如果我们是主陪人员，那么应与客人同坐在司机后方第一排位置上，客人居右，我们居左，如果我们只是随行人员，则应坐在司机身旁。车停以后，我们应先下车去为客人开车门，再请客人下车。

如果接待的是两位客人，我们应先拉开后排右侧车门，请地位高者上车，再快速从车尾绕到车左侧打开车门，请另一位客人上车。切记，只开一侧车门让两人依次进入，是很失礼的行为。

这里有一点必须强调一下，无论什么原因，都不要让客人坐在司机身边的位置上，尤其是接待港澳台或外国客人时，更应注意这一点。否则，很可能引起客人的大不满，造成接待的失败。

在步行时，我们一般应该走在客人的左侧，这是一种尊重的表现。另外，如果我们作为主陪，就应该与客人并排同行；但如果只是随行人员，则应走在客人和主陪人员的后方。

在我们担当引导工作时，位置以处于客人左前方两步远为宜，步速应保持与客人一致，当需要转弯时，应以手示意并加以提示。

在乘坐电梯时，如果电梯内有操作工，应请客人先行进入，如若没有，我们应该先客人一步进去操作，到达目的地时，同样要请客人先行。

送客人进入休息室时，如果门向外开，要请客人先进，如果门向内开，我们应先行进入，扶住门，然后再请客人进入。

赴宴要有淑女范

宴会场合中，女性们竭力表现出自己最好的一面，谁都不想输给别人。宴会中宾客很多，女宾们大都穿上华丽的衣着，而且容光焕发，你当然不应例外。也许你不喜欢穿的太过耀眼，不喜欢受人关注，但也要坚持一定的原则，最低限度也应该使自己的外表比平时更为美观一些，这也是社交上的一种礼貌，并不只是为了表现自己。

1. 宴会服装

女性的宴会服装采用丝、丝绒、雪纺纱、缎之类轻软而富有光泽的衣料，这样的衣料能够显衬出女性窈窕的身姿。晚宴服最好用黑、白、红、蓝、黄等纯色，因为纯色能更好展现女性身段且容易给人以端庄之感。

宴会着装的款式应高雅得体，显示出女人的身体优势。肩膀和颈部漂亮的可露出双肩。胸部丰满的可穿低胸或中空样式，腿修长的可穿开中、高叉或短裙。袜子宜透明，或选择印花丝袜。鞋应选用丝或缎面、鹿皮面质料的高跟鞋，这样走起路来才会有姿有色，款款生姿。

手袋应和鞋同样质料，最好配套，大小不超过两个手掌宽度。

第三章 强化礼仪：知书达理的女人，页页都是一首诗

手拿式最优雅。手袋里的东西不可太多，只宜放些小型的女性随身用品。

在进行服饰颜色选择之前，不妨问一下自己：我或我的伴侣是这次邀宴的主客吗？客人多不多？宴会上的人来自哪个阶层？宴会目的何在？自己是否要帮忙招呼客人？

选择服装颜色时，首先要注意和背景相配。比如，会场的墙壁、地板的颜色等。在背景深、浓的情况下，若是穿着类似的颜色，就会被它遮住你的风采。其次，是加强主色。主服色彩过多，在光彩照人的众多宾客中会让人眼花缭乱，因此套装或色彩单纯的洋装、长礼服较为适宜，能给人比较深刻的印象。第三，在服装的重点部位添加闪烁耀眼的效果，例如袖圈、下摆缀上闪亮的珠片，或是戴上金、银、宝石等发饰或首饰，尤以胸前的饰物最为醒目，会随着角度的变化闪闪发光，将强调效果发挥到极致。

另外，黑紫、黑蓝、黑绿的组合能给人以华丽、时髦的印象，很适合晚宴穿着，晚上由于其独具的神秘感，更能使人备受瞩目。

2. 宴会化妆

（1）彻底地沐浴一番，把从头到脚的污垢都洗去，给自己全身舒爽的感觉。沐浴后，用护肤品涂在手臂、腿和颈部上，轻轻地擦匀，然后躺在床上养养神，因为你当然不愿在宴会时让人发觉你面带倦容。

（2）化妆要浓淡适宜。如果你有一张漂亮的脸蛋，那么淡淡地修饰一下，更能显示出你的秀丽和高雅的气质。有一点需要注意，一切

化妆的程序都应该在家里完成，因为在公共场合当着别人面化妆是不礼貌的。

（3）合理的使用香水。香水的气息最能表现品位。白天选用香味较甜较浓的香水，夜晚选用香味优雅的香水。香水应喷在人体脉搏跳动部位，如耳后、前胸、手、脚、手肘弯或腿膝后。手掌间如用些微香水后再和人握手会更富有女人味。

（4）打扮完毕后，别忘了对着镜子照一照，等穿上准备好的衣服以后，在全身镜前面照一照，看看还有没有什么不妥的地方。检查完毕后，也可以让周围的人看看自己有什么遗忘之处。

想要在宴会上光彩照人，成为宾客关注的焦点吗？那么请重视你的仪表仪容，把自己最完美的一面展现出来。

西方饮食文化略解

世界文明发展至今，不仅中国有着丰富的饮食文化，西方文明也孕育出了自己独特的饮食文化。正所谓一方水土养育一方人，在"吃饭"这个问题上我们就能看出来了。

餐饮产品由于地域特征、气候环境、风俗习惯等因素的影响，会

第三章 强化礼仪：知书达理的女人，页页都是一首诗

出现在原料、口味、烹调方法、饮食习惯等上的不同程度的差异。正是因为这些差异，餐饮产品具有了强烈的地域性。中西文化之间的差异造就了中西饮食文化的差异。

法国人的饮食口味

作为举世皆知的世界三大烹饪王国之一，法国人十分讲究饮食。在西餐之中，法国菜可以说是最讲究的。法国人用餐时，两手允许放在餐桌上，但却不许将两肘支在桌子上，在放下刀叉时，他们习惯于将其一半放在碟子上，一半放在餐桌上。法国人讲究吃，而且舍得花钱去吃。法国人不爱吃无鳞鱼，也不爱吃辣味的菜肴。他们一般都喜欢吃略带生口、鲜嫩的美味佳肴。法国人一般都乐于喝冷水，不习惯喝开水。

法国人在饮食嗜好上有如下特点：

1. 火候：注重烹调的火候，讲究菜肴的鲜嫩，强调菜肴的质量。

2. 口味：一般喜肥、浓、鲜、嫩，偏爱酸、甜、咸味。

3. 食品：主食为米饭或面粉，爱吃点心；副食爱吃肥嫩猪肉、羊肉、牛肉，喜食鱼、虾、鸡、鸡蛋及各种香肠和新鲜蔬菜，偶尔也愿品尝些新奇的食物，如蜗牛、蚯蚓、马兰等；喜用丁香、胡椒、香菜、大蒜、番茄汁等作调料。

4. 制法：对煎、炸、烧、烤、炒等烹调方法制作的菜肴偏爱。

5. 菜谱：很欣赏红烧鳜鱼、宫保肉丁、脆皮炸鸡、炒虾球、银芽鸡丝、菠萝火鸡、拔丝苹果等风味菜肴。

6. 水酒：对酒嗜好，尤其爱饮葡萄酒、玫瑰酒、香槟酒等，一般

不能喝或不会喝酒的人也常喝些啤酒；通常他们惯用的饮料还有矿泉水、苏打水、橘子汁以及红茶或咖啡等。

7. 果品：法国人爱吃水果，尤其对菠萝格外偏爱，苹果、葡萄、猕猴桃等也是他们爱吃的品种；干果喜欢葡萄干、糖炒栗子等。

英国人的饮食口味

在衣食住行中，英国人最不讲究的就是食。对于英国人来说，"吃得饱"和"吃得好"似乎是一个概念，以至于被法国人取笑是为了生存才吃饭的民族，一点都不过分。因为不重视，也不讲究，所以英国有汽车文化，有戏剧文化，有足球文化，却没有饮食文化。即便如此，英国人还是专一地恪守着他们的单一而传统的饮食习惯。

1. 炸鱼薯条

"Fish and chip"大概是唯一地道的英国食品，也是英国人最常吃的快餐食品之一，可称得上是"国粹"。通常鱼条店会提供盐、胡椒粉、茄汁等给你自己去调味，英国人对其钟爱之深恰如中国人热爱龙虾鲍鱼一般，是没有理由、没有原因的。

2. 穿外衣的马铃薯

"Jacket potato"，正确的解释其实是带皮烤的马铃薯，但我总觉得叫它"穿外衣的马铃薯"仿佛更加亲切可爱。制作方法非常简单，就是把一个巨型的烧烤专用土豆扔进烤箱烤熟后，中间切十字刀，然后把奶油挤在中间，再洒点盐、胡椒粉等就算大功告成。

3. 夹馅面包

"Sandwich"，毫无疑问是英国人的发明创造，如今更是被发扬光

大，用以夹馅的面包除了传统的切片方包外，还有各种长的、圆的、白的、黑的面包可供选择，夹的馅更是千奇百怪，无所不有，只要能想到的，都可以当成馅料，甚至还包括土豆泥、意大利粉，就差没把面包也当成馅夹到面包里去了。

4. 甜品

西方人没有不爱甜品的。通常晚饭吃到最后，已经很饱，但还可以再来点甜品，如苹果馅饼、巧克力蛋糕什么的，让人怀疑他们好像都有两个胃，一个是用来装饭食，一个是用来放甜品的。家庭主妇们似乎个个都有一手做甜品的绝活，在节假日的时候拿出来宴客，在教堂举行慈善午餐的时候，便拿出来给大家分享，参加者只需捐助一点善款即可享受到那香喷喷的新鲜出炉的糕点。

美国人的饮食口味

美国人对饮食要求并不高，只要营养、快捷。美国菜是在英国菜的基础上发展起来的，继承了英式菜简单、清淡的特点，口味咸中带甜。美国人喜欢吃扒类的菜肴，一般对辣味不感兴趣，常用水果作为配料与菜肴一起烹制，美国人还喜欢吃各种新鲜蔬菜和各式水果。

德国人的饮食口味

德国人是十分讲究饮食的。德国人在用餐时，有以下几条特殊的规矩：其一，吃鱼用的刀叉不得用来吃肉或奶酪；其二，若同时饮用啤酒与葡萄酒，宜先饮啤酒，后饮葡萄酒，否则被视为有损健康；其三，食盘中不宜堆积过多的食物。其四，不得用餐巾扇风。其五，忌吃核桃。

加拿大人的饮食口味

加拿大人对法式菜肴比较偏爱，并以面包、牛肉、鸡肉、土豆、西红柿等物为日常之食。从总体上讲他们以肉食为主，特别爱吃奶酪和黄油。加拿大人重视晚餐。他们有邀请亲朋好友到自己家中共进晚餐的习惯。受到这种邀请应当理解为是主人主动显示友好之意。

俄罗斯人的饮食口味

俄式菜肴口味较重，喜欢用油，制作方法较为简单。口味以酸、甜、辣、咸为主，酸黄瓜、酸白菜往往是饭店或家庭餐桌上的必备食品。俄式菜肴在西餐中影响较大，一些地处寒带的北欧国家和中欧南斯拉夫民族人们日常生活习惯与俄罗斯人相似。俄式菜肴的名菜有：什锦冷盘、鱼子酱、酸黄瓜汤、冷苹果汤、鱼肉包子、黄油鸡卷等。

俄罗斯人用餐时，多用刀叉。他们忌讳用餐时发出声响，并且不能用匙直接饮茶，或让其直立于杯中。通常，他们吃饭时只用盘子，而不用碗。参加俄罗斯人的宴请时，宜对其菜肴加以称道，并且尽量多吃一些，俄罗斯人将手放在喉部，一般表示已经吃饱。

东欧人的饮食口味

东欧国家人的饮食习惯大体相似。在饮食禁忌方面，东欧人主要不吃酸黄瓜和清蒸的菜肴。东欧人在人际交往中非常喜欢请客吃饭。在宴请客人时，东欧人有不少的讲究。一是忌讳就餐者是单数。他们认定此乃不吉之兆；二是在吃整只的鸡、鸭、鹅时，东欧人通常讲究要由在座的最为年轻的女主人亲手操刀将其分割开来，然后逐一分到每位客人的食盘之中；三是不论饭菜是否合自己的口味，客人都要争

第三章　强化礼仪：知书达理的女人，页页都是一首诗

取多吃一点，并要对主人的款待表示谢意。四是口中含着食物讲话，在东欧人看来，是很粗鲁的。

西餐点菜里有窍门

西餐在菜单的安排上与中餐有很大不同，尤其是中餐是各道菜共享，而西餐则是各吃各自的，因此中餐只需要有一位很会点菜的人就可以让大家都品尝到美味的菜肴，而西餐则是自己点自己的，较为烦琐。更让人头痛的是不会点菜往往让人十分尴尬，并且难以品尝到西餐的精髓。如果我们想换换口味，又对西餐不了解的话，点菜的时候未免就有些尴尬了，所以熟悉点西餐的顺序是一个非常重要的功课。

在菜单的安排上，西餐有其自身的特点。以举办宴会为例，中餐宴会除近10种冷菜外，还要有热菜6～8种，再加上点心和水果，显得十分丰富。而西餐虽然看着有6、7道，似乎很烦琐，但每道一般只有一种，对许多人来说，点西餐菜还是比较陌生的。以下是西餐上菜的顺序，以供准备吃西餐的朋友作为点菜参考。

1. 头盘也称为开胃品，一般有冷盘和热盘之分，常见的品种有鱼子酱、鹅肝酱、熏鲑鱼、鸡尾杯。还有奶油鸡酥盒、焗蜗牛等。

2. 西餐中的汤大致可分为清汤、奶油汤、蔬菜汤和冷烫 4 类。品种有牛尾清汤、各式奶油汤、海鲜汤、意式蔬菜汤、俄式罗宋汤、法式葱头汤等。

3. 西餐的副菜通常是水产类菜肴与蛋类、面包类、酥盒类菜肴。西餐吃鱼类菜肴讲究使用专用的调味汁，品种有鞑靼汁、荷兰汁、酒店汁、白奶油汁、大主教汁、美国汁和水手鱼汁等。

4. 西餐的主菜以肉、禽类菜肴为主。其中最有代表性的是牛肉或牛排，肉类菜肴配用的调味汁主要有西班牙汁、浓烧汁精、蘑菇汁、白尼丝汁等。禽类菜肴的原料取自鸡、鸭、鹅。最多的是鸡，可煮、可炸、可烤、可焗，主要的调味汁有咖喱汁、奶油汁等。

5. 西餐中的蔬菜类菜肴可以安排在肉类菜肴之后，也可以与肉类菜肴同时上桌，另外蔬菜也可拌成沙拉。与主菜同时搭配的沙拉，称为生蔬菜沙拉，一般用生菜、番茄、黄瓜、芦笋等制作。还有一类是用鱼、肉、蛋类制作的，一般不加味汁。

6. 西餐的甜品是主菜后食用的，可以算作是第六道菜。从真正意义上讲，它包括所有主菜后的食物，如布丁、冰激凌、奶酪、水果等。

7. 西餐的最后一道是上饮料，咖啡或茶。饮咖啡一般要加糖和淡奶油。茶一般要加香桃片和糖。

了解了西餐菜单的顺序以及品种，我们就可以针对实际情况进行点餐了。需要注意的一点是，中餐讲究热闹，西餐讲究礼仪，在西餐中一定要注意礼仪周全，不要闹笑话。在以后的章节中，我们会具体讲解如何优雅地吃西餐。

第三章　强化礼仪：知书达理的女人，页页都是一首诗

外事礼仪禁忌

在参加外事活动时，我们务必要做到尊重国际公众、以礼待人，如此，方能尽显东方佳丽的优雅与修养。不过说起来容易，要做到面面俱到，那么我们首先就要了解一下国外的种种禁忌，以避免失礼于人。

数字禁忌

1. 在西方，"13"被人们认为是不吉利的数字，甚至一些人每到13号心里都会犯嘀咕，同时，星期五也是不被看好的，如果是13号又恰逢星期五，那么人们是不会举办任何活动的。我们在接待外国友人时一定要有所注意，房间号、宴会桌号、车牌号等应尽量避免出现这个数字。

2. "4"这个数字，无论是中文还是日文，都与"死"的发音相近，所以在人交往时，也一定要尽量避免说这个数字，如果有时非说不可，也可以用"两双"代替。

花卉禁忌

1. 假如你到欧美居民的家中做客，送花给对方的夫人，这是件令

人愉快的事情，但若是换在阿拉伯国家，你就违反了礼仪。

2. 国际上有一条通用惯例——忌送黄色的花，如菊花、杜鹃花、石竹花给客人，这是很失礼的行为。

3. 与德国人交往，你不能送对方郁金香，因为在他们看来，这是没有感情的花。

4. 不能送给法国黄色的鲜花，因为他们认为这种颜色的花代表着不忠诚。

5. 不能送意大利及南美人士菊花，他们视该花为"妖花"，只能用于吊唁。

6. 荷花不要送给日本人，他们认为这是不吉之物，是专门用来祭奠的。

7. 不要送绛紫色的花给巴西人，在他们国家这个颜色的花一般用于葬礼。

颜色禁忌

1. 在欧美，许多国家均以黑色为葬礼色，这种颜色代表着对死者的吊唁和尊敬，我们在使用时要有所注意。

2. 在巴西，棕黄色被视为不吉利的颜色，有凶丧的意味，一定要注意。

3. 在日本，人们认为绿色是很不吉利的。

4. 在比利时人眼中，蓝色也是一种忌讳的颜色，因为他们在丧事时一般都穿蓝衣服。

第三章 强化礼仪：知书达理的女人，页页都是一首诗

其他禁忌

1. 在佛教国家，你不能像在国内一样，以抚摸小孩的头表示亲昵，那些国家认为人的头部是神圣不可侵犯的，你摸人家的头，会被视为一种极大的侮辱，尤其是在泰国。

2. 脚在很多国家被认为是低下的，与外国友人交往，你不能用脚给人指东西，或者把脚伸到别人眼前。

3. 如果你嫁给了欧美国家的人，那么不要在婚前试穿礼服，因为他们认为这会导致婚姻破裂。

4. 在西方人面前，不要随意用手折柳枝，因为他们认为这是要承受失恋痛苦的。

5. 在英美两国，参加丧礼，大庭广众之下节哀便是知礼，不过印度人恰恰相反，你去参加丧礼如不大会哭，就会被认为是非常无礼的。

6. 去日本，不要穿白色的鞋子进人家的屋子，这是被认为很不吉利的。

涉外礼仪基本要求

其实无论国内还是国外,对于礼仪的最基本要求就是"尊重",这是礼仪之本,也是我们待人接物最重要的原则。作为一个东方优雅女性,无论涉外与否,无论站、坐、吃、谈,还是日常的其他一些活动,你都应该表现出对别人起码的尊重,涉外礼仪的要求则更是如此。

那么,我们在与外国友人接触时,礼仪上应遵守哪些原则呢?这主要有三个方面:

一是要自尊自爱

你都不尊重自己,又让别人拿什么尊重你?这是一个很易懂的道理。这也就是说,你首先要把自己当回事,别人才能拿你当回事。在外国友人面前,起码你要站有站相,坐有坐相,举止要落落大方,别丢了东方女性的风仪。遗憾的是,有些朋友在这方面就粗枝大叶的,譬如往人前一坐,腿便架起来了,或者肩膀也端上了,事实上这在人家看来都是很倨傲的行为,是很失礼的。但凡这样的人,在国际交往中,尤其是在一些比较重要的场合,是很难得到别人的认可与尊重的。所以说,我们要得到外国友人的认可,首先就要自尊自爱。

第三章 强化礼仪：知书达理的女人，页页都是一首诗

二是要尊重自己的职业

你在国外工作，那么最起码你要爱岗敬业，因为任何国家看重的都是那些有实力、有所专长且又忠诚尽职的人，这一点在国内也不例外。你做不到，你对工作应付了事，那么无论是在国内国外，你都得不到尊重。

三是要尊重自己的归属

在涉外交往中，最重要的一点就是要懂得维护你所在组织的尊严，大到我们的国家，小到你所在的公司，你都有义务、有责任去维护它的尊严和形象。这也就是说，你不仅要自尊、还要尊重交往对象，更重要的是要尊重自己的归属。倘若能做到以上这三个尊重，那么你的外交礼仪也就不会出现大的差错。

涉外礼仪礼宾通则

概括地说，当前世界上通用的外事接待规则，主要有以下几个要求：

1. 注意形象

在外事活动中，我们的一言一行、一举一动，不仅仅代表着自

己，更代表着国家、民族、地区、城市，乃至公司的形象，如果说你对自我形象毫不注意，不加修饰，那么，不但无法获得外国友人的尊重，更是一种失礼行为，而且失掉的是国家礼、民族的礼、城市的礼、公司的礼，所以奉劝那些不修边幅的女性朋友，在这一点上一定要有所注意。

2. 不卑不亢

这就要求我们既不要崇洋媚外，在外国友人面前畏惧自卑、低三下四、阿谀献媚，也不要自以为是、狂妄自大。合乎礼仪的态度应该是：坦诚正直、豁达乐观、从容不迫、落落大方，这是关系到国格与人格的大是大非问题，一定要谨慎对待。

3. 求同存异

所谓求同，就是要我们了解交际对象所在地的礼仪风俗，不触忌讳，严格遵守国际惯例，与对方达成共识、良好沟通、不失礼数；所谓存异，就是要我们注意"个性"，不要完全没有主见，像得了软骨病一样，一味地附和对方。

4. 入乡随俗

这要从两个方面说。如果我们本身是东道主，那么请尽量做到"主随客便"；如果我们充当的是客人的角色时，那么就请尽量去"客随主便"。还是那句话，要想做好这些，你必须充分了解交往对象所在地的风俗习惯，最大限度甚至是无条件地加以尊重。

5. 信守约定

在涉外交往中，我们一定要信守承诺，尊口一张，便不要食言。

第三章 强化礼仪：知书达理的女人，页页都是一首诗

你所许的承诺一定要兑现，约会必须守时。倘若突然出现了不可抗拒的因素，那么也一定要提前通知对方，如实地解释，并郑重道歉。

6. 把握距离

人际交往距离有四种：第一种小于0.5米，被称之为"亲密距离"，适用于亲人、恋人和至交之间，我们需要注意；第二种在0.5米至1.5米之间，被称之为"常规距离"，适用于一般交际应酬；第三种在1.5米到3米之间，被称之为"敬人距离"，适用于会议、演讲、接见等正式场合；第四种叫"公共距离"，距离在3米之外，适用于公共场合与陌生人的接触。当然，这就要求你根据交往对象的身份、你们所出席的场合、彼此之间交情深浅来做选择，务必要做到恰到好处。

7. 尊重隐私

在与外国友人接触时，切不要打探人家的年龄、婚姻状况、家庭住址、身体情况、个人经历、政治信仰、收入支出等，这在人家看来属于隐私范畴，你去打探，就等于侵犯了人家隐私权。

8. 爱护环境

到国外旅游观光或参加其他活动，记得不要毁损自然环境，不要虐待动物，不要损坏公物，不要乱堆乱放私人物品，不要乱扔垃圾，不要随地吐痰，不要大声喧哗，更不要在旅游景点刻上"到此一游"。切记，这关系到国家的体面。

9. 以右为尊

在国际交往中，通用的一条准则是"以右为尊"，所以在参加各

类正式的、非正式的、商务的、私人的活动时,但凡要确定主次时,只要记得"以右为尊",一般便不会出现什么大差错。

拒绝邀请要有技术含量

饭局宴请中,我们必须面对许多选择,但是记住,鱼和熊掌不能兼得。在我们面对纷繁的邀请时,要做出两全的决定,这样在交际生活中才会得心应手。

活跃于交际场合的女性,难免派对邀约不断,在面对各种各样的邀约,其中有的值得你去参加,有的却对你没有什么价值。对有价值的邀约,我们可以选择接受,这样双方皆大欢喜。但是你出于各种原因,对一些邀请不能接受,又不好直说"不去"、"不参加",怕伤害对方的自尊心。如何既能够透露内心的真实想法,又不愿表达得太直露,以免刺激对方,这就需要学会拒绝的艺术了。拒绝的方式不得当,不但会显得你很没礼貌,还会伤害邀请你的人。拒绝宴请邀约的技巧有以下几个原则:

1. 学会倾听

耐心倾听对方的邀请与要求。即使在对方述讲中途就已经知道必

须加以拒绝，也要听人把话讲完。既表达对其尊重，也可更加确切地了解其请求的主要含义。

2. 理由明确

拒绝邀约时，必须讲清拒绝的理由，真诚的并且符合逻辑的拒绝理由有助于维持原有的关系。

3. 对事不对人

一定要让对方知道你拒绝的是他的请求，而不是他本身。这时候就要注意自己的表达方式了，千万不要让对方产生误会。

4. 直接对话

千万不可通过第三方加以拒绝，通过第三方拒绝，只会显示自己懦弱的心态，并且非常缺乏诚意。

5. 真诚相待

把不得不拒绝的理由以诚恳的态度讲明，直到对方了解你是无可奈何，这才是最成功的拒绝。

成功地拒绝他人的不实之请可以节省自己的时间与精力，还可以免除由不情愿行为所带来的心理压力。关键在于：拒绝前必须将对方的利益放在考虑之内，才能做到两全。委婉拒绝邀请可以采取以下几种方法。

1. 彬彬有礼法

当别人邀请你赴宴，而你又不愿去时，可以彬彬有礼地说："我很感谢您的盛情。不过已经有人约了我，所以我今天就没有福气享受您的美意了。"

2. 不说理由法

在有些场合对某些人说明拒绝的理由，有可能会节外生枝，事与愿违。为减少麻烦，可以不说理由。如遇到推销的人又来邀请你去参加会议，你就可以明确表态："实在对不起，我恐怕帮不上您这个忙。"如果他继续纠缠，就再重复一遍，他就会知难而退。

3. 答非所问法

把对方提出的问题，用与之不相符的内容来回答。比如你表示自己另有安排，因此不能接受别人的邀请。而对方一定要打破砂锅问到底，而你确实不方便透露具体信息，这时候就可以采用顾左右而言他的方法。

4. 妥协应付法

当你表示拒绝后，对方还一再纠缠，你就可以采取妥协应付的方法："等我有时间了，一定会参加你们这次活动。"

委婉拒绝的方法远不止上面这几种，你尽可以采用各种各样的方法，只是一定要记住，无论用哪种方法，都不要伤害他人的自尊心。

第四章 绽放气质：
最美的风情，把生活绣成锦帛

真正有品位、懂得美的人总能够透过纷繁的表象，看到女人的内在美。在他们看来，只有气质女人的美才是真正有分量和厚度的，这样的美不会随女人年龄的增长而褪色，也不会因为女人所拥有财富的减少而贬值。这种气质美犹如一坛老酒，尘封越久越发的芬芳醉人。

气质是女人最真实、最恒久的美

女人一旦拥有了不凡的气质,将终生受益。气质是永不言败的;气质,是一种成熟的极致美。

有气质的女人,不会随着时间的流逝而慢慢凋零。她们是人生四季里的长盛花,鲜艳却不张扬地盛开着。

气质是集一个人的内在精神而释放出来的高品格的影响力。犹如一颗夜明珠,给人的不仅是惊喜,还有耳目一新的感觉;犹如一缕暗香,让人不知不觉沉醉;犹如一声惊雷,让人清醒。

气质是一种修炼到超越自我的境界。这种境界,让人脱俗,使一个普通的人变得高雅。因此,一个有气质的女人,面对不同程度的困境,她都不会胆怯。最终,气质可以帮助她扭转逆境的局面,取得意想不到的胜利。

气质会让女人拥有一片属于自己的"精神家园",独享属于自己的心灵空间。即使遇上再多的不幸,也不至于造成太多的失望、太多的茫然……

气质是女人最真实、最恒久的美。再美的女人,如果没有气质,

第四章 绽放气质：最美的风情，把生活绣成锦帛

也只是一个花瓶而已；相反，天生并不美的女人，即使是没有华丽的服装，一旦拥有气质的翅膀，也会立刻神采飞扬，展翅高飞了。须知，外表的美是短暂而肤浅的，如同天上的流星，转瞬即逝，而气质，渗透于女人的骨髓与生命之中，让她们在面对岁月的无情流逝时，拥有一份从容和淡泊。

因此，作为女人，我们一定要培养属于自己的气质，要在精神上树立独立的自我，通过对自己的"内在美容"，塑造魅力的自我。

拥有气质的前提是要有崇高的生活理想。女性的命运不应取决于男性，而应取决于她自己的努力，她的气质以及她的才能发挥的程度。女性本身越重视自己的天资、才能、与男子的精神心理交往的能力，她的美和女性气质就越灿烂夺目。

做有气质的女人要懂得刚柔并济，有时要如一盆火、有时要如一块冰，有时要似一杯茶，有时要似一盏纯酿。这样的女人是男人得意忘形时的清醒剂、颓废沮丧时的启动器。气质女人时而温柔、时而刚强、时而浪漫、时而平实、时而文静、时而活泼。丰富的内涵给人以新奇，宽容的胸襟使人敬慕。她是维系家庭的磁石，是工作中的最佳拍档。气质女人是放风筝时用的线轮，风筝飞得再高也要有线牵引。

女人，其实处处能都显现出自己的气质，除了那端庄典雅的脸庞，女人在形体语言、身体曲线、音容笑貌、服饰妆容、衣鬓流香之间，也都能够散发出特有的气质。身上的每一处细节、每一招一式都可以显得气质十足。气质是女人的一种内在文化，它无形无色，像丘陵的微风，你感觉不到它的存在，却看得见满坡枝叶的摇动，这股风

来自于内心。

真正的气质,不在于卖弄,而在于自然地流露。气质在于女人对自身恰当的把握,敛与放的分寸至关重要。如果你过于收敛,也许你就显得端庄典雅有余,但韵味不足;如果你过于张扬放肆,你就失之于轻佻粗俗。

很显然,气质不是美女的专利,气质是一个女人对精致的追求,是一种生活的态度。女人,岁月在逐步掠夺她们青春的同时,给了她们气质的馈赠。有气质的女人恰似一首意犹未尽的美诗,给人惊喜之余回味无穷。

流露出骨子里的娇柔

女人的娇柔是一种杀伤性极强的武器,即使铮铮铁骨的男人,一遇到娇柔的女人,也极易化作绕指柔,就像一首古词中所写的那样"丈夫只手把吴钩,欲斩万人头。如何铁石,打成心性,却为花柔?君看项籍并刘氏,一怒使人愁。只因撞着,虞姬戚氏,豪杰都休!"

娇柔的女人就是老公的开心果,她们在外人一面一定会对老公温柔有加,百依百顺,不仅给足了自己这个有着中国传统大男子主义的

第四章　绽放气质：最美的风情，把生活绣成锦帛

老公面子，同时也会引来众多人的羡慕，甚至是嫉妒。

娇柔的女人又是老公的宽心丸，当老公劳累一天回到家中，娇柔的女人一见面就会温馨地撒娇道："亲爱的老公，你辛苦了，来，抱一抱你……"接下来又是端茶、又是倒水，然后忙着上菜上饭，翌日一早临出门前，再给老公送上一个香喷喷的吻，妻子如此这般，恐怕没有哪一个男人能够抵抗得了，于是他们即使再累，心中也会甜甜的。

娇柔的女人更是老公的励志书，她们最懂得欣赏和激发老公的能力，也可以塑造出一个自信而成功的男人。这正像那句流传甚广的爱情箴言所说的一样——"每个成功男人的背后，都有一个伟大的女人"。而这个女人的伟大之处就在于，她不会背着老公红杏出墙，也不会给他出难题，更不是粗鲁的泼妇，她只会用自己的娇柔与智慧，在他玩物丧志时引他走出歧途，在他失败时给予他鼓励，在他气馁时促使他奋发图强。所以俗话说："好女人是男人的学校"，就是这个道理。

当然类似于这种娇柔，女人最好只在自己的男人面前表现，否则，如果在萍水相逢的陌生男人面前随意撒娇，那就不是娇柔可爱，而是水性杨花的放荡了，这样的女人再娇柔也不会得到公众的认同。不过，除了老公以外，其实我们在职场上也可以适度地表现一下自己的娇柔，如在上司、同事面前，在亲人、朋友之间，我们来一点软言细语，表现一下娇弱可怜，这种略带风情而又不出格的娇柔，无论是在职场上、还是处理日常事务，的确会给我们很大帮助。但是，无论

75

在对待其他异性时,我们的娇柔一定要掌握好分寸,否则过了火,别人不是接受不了,就是会产生误会,最后弄得不好收场。

其实每个女人骨子里都是娇柔的,但能把这娇柔善良运用到位的女人实在不多。如果一个女人对男人故弄玄虚、小题大做,甚至搬弄是非,那么这种"娇"就会令男人心生厌烦,非但不能得到男人的宠溺,反而还会让男人敬而远之。所以,女人要娇柔,就一定要娇得恰到好处,要娇出品位、娇出浪漫、娇出实实在在的柔美。那才是男子喜欢的、宠爱的、需要的好妻子、好女人。

风情是女人特有的韵味

有风情的女人美得动人。这风情是女人特有的韵味,是女人灵性的通感。她们风情而不风骚,含蓄而非暧昧,举手投足、一颦一笑之中都流露出一种味道,那是由骨子里散发出的女人味道,是依附在她们身上的精灵,若有若无,让人捉摸不透。

风情万种的女人对于男人而言有着无法抗拒的诱惑力,因为她们美丽中带着那么一点张扬,却又不乏优雅与从容。她们有着天使一样的心肠,却又多少带着那么一点蛊惑人心的娇媚,让人在遐想万千之

第四章 绽放气质：最美的风情，把生活绣成锦帛

余又不好意思心存邪念。

风情万种的女人，温柔时，有如细雨和风，细腻但不油腻；明媚时如淡烟疏柳，婀娜多姿、亭亭玉立；妩媚处，有如火红玫瑰般娇艳欲滴；高傲处，恰似兰花一般的典雅清丽；伤心时，粉面含嗔、梨花带雨；豪迈时，行云流水、奔放不羁……这样的女人，你永远也无法把握她的心思，而她却常常给你带来意想不到的惊喜。

风情万种的女人不会在人前刻意去彰显自己，却会在无形中释放一种勾人魂魄的魅力。与这样的女人相处，男人们会觉得时时都是那么轻松愉悦、疏朗快活，只愿时间就停留在这一刻；与这样的女人闲聊，男人们会有一种如沐春风的感觉，唯求话题永不停歇；与这样的女人恋爱，男人会心甘情愿地奉上自己的一切，只求彼此天长地久……这样的女子，就是天生的尤物，她那轻轻的一回眸、淡淡的一浅笑，每一抹情态，乃至眉间、发梢，都是风韵浓浓、情韵十足，然而，她又不轻佻、不放纵，更不会肆无忌惮地抛媚眼、送秋波，她们活得妩媚、活得优雅、活得从容。

无怪乎有人长叹：女子如此多娇，引无数英雄竞折腰！的的确确，自古英雄难过美人关，而我们耳熟能详的美人又有哪一个不是风情万种的？

褒姒嫣然一笑，倾国又倾城，那以江山博一笑的周幽王，或许在男人们看来忒不理智，但若从女人的角度来看，他足以称得上是一个"情痴"。

那浣纱女西施，连病态都惹人千般怜、万般爱，也难怪一度励精

77

图治、使吴国达到鼎盛的夫差像鱼儿一样沉醉在她的风情之中。

那远走塞外的王昭君，离愁悠悠，玉指轻拨，秋风沉醉，鸿雁不飞，怎一个"美"字了得？她单凭一个女子的智慧与风情，便使边塞烽烟熄灭50年，引来多少文人骚客的高歌。

那有"闭月"之称的貂蝉，身负使命、忍辱负重，凭着万般风情撩拨得董卓、吕布二人反目成仇，这份女人的能耐恐怕就连三国诸英豪也要自叹不如吧。

那雍容华贵的杨玉环，更是"态浓意远淑且真，肌理细腻骨肉匀。绣罗衣裳照暮春，蹙金孔雀银麒麟。头上何所有？翠微盍叶垂鬓唇。背后何所见？珠压腰衱稳称身"乃至连一向自视清高的青莲居士都赞其曰："若非群玉山头见，会向瑶台月下逢。"

当然，上述这些风情万种的女人离我们生活的年代相距甚远，我们无法用她们的风情来衡量自己。那么作为一名现代女性，我们要做到何种程度才算得上有女人味呢？我们需要这样：

无论我们是普通的家庭主妇，还是职场上的白领丽人，都不要丢掉女人应有的温顺、细致、贤惠与体贴。不过，这也只是淑女式的女人味，要真正成为一个风情万种的女人，我们还有很多事情要做。

我们要让自己变得更具文化底蕴，更具修养层次。诚然，女人味在一定程度上源于身体之美，如瀑黑发、皓齿明眸、樱桃小口、赛雪肌肤，再加上柔和的身段、娇媚的笑容，的确让人一见之下便会心动。但其实，女人味更多来自我们的内心深处。有文化、有修养的女人一如月下湖水、一如静放百合、一如清晨露珠，沉静典雅、暗香涌

第四章 绽放气质：最美的风情，把生活绣成锦帛

动、晶莹剔透。这样的女人是柔情似水的，是善解人意的、是明理善良的，这份由内而外的美更胜那些"倾城倾国"佳丽。

我们要让自己散发出香味来。显然，这不是要你去买什么名贵的香水。这香味是指女人骨子里所散发出的迷人气息。有浓郁香味的女人应该是这样的：她们虽然承受着高节奏的都市生活，承受着和所有女人一样的压力，但从不会愁容满面，就算是再紧张也会嫣然一笑；她们亲切随和，女人喜欢与她亲昵，男人喜欢与她倾谈，就算是隐私问题也不愿对她们有所保留。与她们畅谈，常会给人以启迪，让人平静、让人释然、让人悔悟、让人奋起，让人感受到人生的美好与希望……这就是有香味的女人——于无形中散发沁人心脾的气息，久久不散。

我们要让自己散发出雅味来，要培养出一种淡定与从容，别在物质的世界中迷失自己。事实上，在这个金钱至上的时代，很多女人一旦沾上了金钱，优雅便不复存在，譬如那"宁愿哭着过，不愿笑着活"的某女士。有雅味的女人也喜欢钱，但没有铜臭气。挣钱对于她们而言是一种价值的体现，她们连爱钱都爱得那么优雅。这才是有雅味的女人——她们有独立的人格、独立的价值观，有一种对人生独特的追寻，威武不能屈，富贵不能淫。

我们要让自己散发出一股韵味来。这韵味便是女人特有的柔情，似春雨般润物无声，似冬日里的一轮暖阳。有韵味的女人不矫揉、不做作，她们知寒知暖、知冷知热、知事知非、知轻知重，她们理解男人的忧与伤，了解男人的苦与乐，只细雨轻言、只轻一抚摸，便可化

解男人无尽的惆怅。这便是有韵味的女人，温柔而不娇憨，用女性特有的胸襟去拥抱整个世界。

我们要让自己有一种情味。不是春情荡漾的情，而是情调的情。有情调的女人未必很富有，但她们依旧可以在忙碌之余将自己的小窝布置得玲珑雅致。窗帘桌布，花边流苏，窗明几净……就算是没有什么高档的家居，但也一定摆放得整整齐齐、打扫得纤尘不染。有情调的女人必然精于装点自己，一如花样年华中的苏丽珍，一袭合体的旗袍，裸露着美丽的身姿，发髻高挽，丰姿绰约，秋波流转、欲语还休，风情万种……那份东方女性特有神韵，宛若古典的花，静静绽放在时光深处，任春秋更替、岁月蹉跎，也绝不会凋谢，就那么妖娆着，那么妩媚着……

我们还要让自己有一种羞怯。欲迎还据、含情脉脉，嫣然一笑，楚楚动人，像一朵水莲花不胜凉风的娇羞，以适当的遮掩，营造一种朦胧的、夺人心魄的美。

这便是女人的风情，女人的神韵，如一道名菜，本身没有什么味道，需要我们去调剂；如一瓶经典的红酒，入口醇香，经久不散。一个女人，倘若没有一点风情，便有如鱼儿缺了水，鸟儿失去了天空，丢掉了生命的色彩，不能称之为真正意义上的女人。

第四章　绽放气质：最美的风情，把生活绣成锦帛

神秘一点，更美一点

世人都有这样一个共性：越是面对神秘的事物，越是充满了期待，总欲一睹真容而后快。所以，那些聪明的女人往往会刻意为自己制造一些神秘感，让人产生一种"雾中花"、"水中月"的感觉，从而激起人们对于自己的关注度。

静茹是公司的新人，来报到的第一天，她就让所有人眼前一亮。只见她，手挎今夏最新款的"LV"，颈戴一条璀璨的白金钻链，衣装简洁而高雅，雪白立领衫搭配黑色过膝长裙，明眼人一看就知道是"依妙"的服装。

同事们私下悄悄议论："看她这身行头，一定是上流社会的千金小姐。"大家不断地猜测着，但静茹却从不说什么。每次她给家里打电话，总是带着一副恭敬谨慎的神情，这让同事们更加感觉她的家世非同一般。不久，就有传言说，静茹是省城某位领导家的"大小姐"。

事实上，静茹的父母都是普通百姓，因为单位效益不好，早在几年前就已经退休了。但她的神情总是那样从容闲适，言谈举止温文有礼。虽然当初她只是借用表姐的仿版"LV"和白金钻链，但却引起了

每个人的好奇心："她真是一个高深莫测的女人！"

尽管静茹从未编造过关于自己身世背景的谎言，对于同事的猜测和议论亦是听之任之，但不可否认，她的确成功地塑造了引人遐想的"神秘感"，将所有人的注意力都凝聚在了自己身上，让他们对自己抱有极大的兴趣，想要挖掘出她的秘密。

静茹做得很成功。她的业绩出人意料的好，她轻而易举就能拉来许多客户。一些大客户甚至还会专程来到公司，邀请静茹品茗聊天，但她是不会轻易答应的。大部分时间，她都喜欢独自赏画、听古典音乐或阅读世界名著，气定神闲的模样，使她看上去就是那么的与众不同。

中国有句俗语："外来的和尚会念经"。难道说，外来的和尚其修为就一定胜过本地和尚吗？这不尽然。外来的和尚之所以受人推崇，关键就在于"外来"二字，因为是"外来"所以"神秘"，因为"神秘"所以受人待见。一如上文中的静茹，难道她的能力就比所有同事强吗？未必。她的成功，就在于她抓住了人们的好奇心理，巧妙地为自己笼罩了一层朦胧感，让大家对她充满了期待。

也许你会认为，静茹是在故弄玄虚，大耍心计，但你必须承认，她的这番"心计"确实使自己受益匪浅。她抬高了自己的身价，令公司上下乃至客户，都对她刮目相看，所以她在职场上走得顺风顺水。

其实，只要你细心观察就会发现，那些名人，尤其是女明星在接受媒体采访时，大多不会将自己的想法、意见和盘托出，而是有所保留，让人捉摸不透。于是，人们便开始不自觉地去揣测：她是那样

第四章 绽放气质：最美的风情，把生活绣成锦帛

神秘，真是一个高深莫测的女人啊！其实，这一点在恋爱中也有所体现。

在王燕看来，"正经女孩"是不会轻易与男士交往的，除非她真心爱这个人。她认为，男女交往时，女方在言谈举止上，必须时刻保持典雅、温柔的风范，只要与对方建立了亲密的关系，就必须倾心以对，必须至死不渝地追随对方。对她而言，同时与两个以上的男孩交往，简直就是"水性杨花"，不可忍，更不可做。

所以，王燕只要喜欢上某一男士，就会在很短的时间内将自己的情感完全交付出去。为了男友，她可以做任何事。例如：她会将自己的情感经历、家庭背景、兴趣爱好等，毫无保留地告知对方；她会亲自为对方下厨；她会不时买一些礼品送给对方；她会主动邀请对方看演唱会、喝咖啡、吃必胜客等。总而言之，她对男友可谓是尽心尽力、毫无保留。

然而，那些与王燕交往过的男孩，虽然刚开始时都觉得王燕是个好女孩，都愿意与她有进一步的发展。但约会几次以后，他们便会觉得王燕太过简单，又似乎比自己还要迫不及待。由此，他们便开始兴趣索然了，一个个都对王燕唯恐避之而不及。这让王燕很伤心，她不明白，为什么自己如此坦诚相对，却得不到对方的回报呢？

王燕的失败就在于她太"坦诚"了！在心理学中，有这样一种升值规律：越是得不到的东西，越是让人朝思暮想，这种现象在异性情恋方面尤甚。所以，如果王燕能在与对方交往时，"矜持"一点，让对方去揣摩自己、猜测自己，刺激对方的兴趣，相信结果一定会大

83

不相同。

我们若想提高自己的关注度,提高自己的身价,不妨也来效仿此举,做一个神秘的女人,不但要"千呼万唤始出来",还要"犹抱琵琶半遮面",让别人主动燃起接近你、探知你的欲望。

若即若离,难以触及

双眸含情、十指带香,忽远忽近、若即若离,留下一种朦胧的距离感,是令男人欲罢不能、只得亦步亦趋紧紧追随的一种绝妙状态。对你无意的人,他必然看不出你有意留下的距离;对你有意的人,则必然会对你这暧昧的伸手却又不可触及的距离心醉不已。聪明的女人懂得在恋爱过程中,给男人制造一些不大不小的"麻烦",让他们时刻保持一种挑战感、求知欲,一种彻底了解自己的渴望。因为她们知道,爱情本身就是一场战争。

大学毕业以后,年轻靓丽的翟微微进入一家小公司,担任行政助理一职。不多日,翟微微年轻的上司就对她展开了爱情攻势。

面对年轻有为的追求者,翟微微并没有火速投入对方的怀抱,她最多只是偶尔答应与他共进午餐,但极少答应与他晚上约会,更是尽

第四章 绽放气质：最美的风情，把生活绣成锦帛

量避免和他单独相处。她知道，喜欢他的女孩很多，而且个个都是要才有才、要貌有貌，几乎每天，他都会收到来自美女们的约会邀请。而翟微微却偏要与她们背道而驰，她从未主动约过他一次，却在不经意间流露出些许对他的好感，但绝没有丝毫取悦之态。她从不让他碰她，尽管她的心里早就已经把他当成了自己的男友。在翟微微看来，这是对付男人的一种策略，她不仅要抓住他的心，而且要考验他是否真心。

翟微微就这样与上司保持着若即若离的关系，得益于他的照顾，翟微微的工资开始猛涨，另外还有加班费。因为只有加班，她的上司才能与她相处的时间更久一点，他喜欢有她在身边的感觉。几个月过去了，翟微微攒下了一笔小钱，她打算轻松一下，去一次自己梦中的天堂——夏威夷海滩。

翟微微的上司得知以后，毛遂自荐要陪她去，并承诺负担一切开销。翟微微没有应允，她说工作离不开他，而且这次旅行，她想享受一个人的自由。但翟微微接着又说，她会挂念这份自己如此热爱的工作，会挂念那些相处得非常好的人。她有意留下一片模糊，让人琢磨不透：难道"那些人"是指他？

上司无奈，说："既然如此，那我祝你旅途愉快。"话毕，意味深长地看了她一眼。三天后，翟微微登上了前往夏威夷的飞机。

来到夏威夷，翟微微为自己找好住处以后，便如约给他打电话。电话中，他关心地询问她有什么安排，现在住在哪家宾馆等。翟微微都一一作了回答。

翌日一早，翟微微突然接到服务台的电话，说是有人找她，是位男士。她大感惊奇，以为是服务台弄错了，自己在这异国他乡根本没有熟人啊！但服务台坚称没错，说找的就是她，现在来人正在楼下的咖啡厅等她。

她莫名其妙地来到咖啡厅，竟然看到了她的上司！他怀中抱着一捧娇艳欲滴的玫瑰花，笑着对她说："我也是来度假的，这里真不错。"

翟微微的眸子红了。他走上来，把花递给她，然后给了她一个温暖的拥抱，并附在她的耳边轻轻地说："我爱你。"

脉脉含羞，美不胜收

女人的羞涩，乍一看去，似乎有胆小畏怯、不自在之感，但其实，这恰恰反映出了女人含蓄质朴、真诚贤惠的本质，表露的正是女性世界的真善美。女子的羞涩是那般美丽，宛如薄云拂过的皓月，美不胜收，引人遐想。

毫无疑问，女人害羞的一刹那，是她最美的时刻，也是她最性感、最具有吸引力的时刻，那一个害羞的眼神、一个娇羞的动作、脸

第四章　绽放气质：最美的风情，把生活绣成锦帛

上的一抹红晕，无不将女性特有的气质表露得淋漓尽致，含蓄而又娇柔，性感而又妩媚。

在男人眼中，女人的羞涩都是别有一番韵味的。所谓少女情怀总是诗，有时女人的羞涩就是一种爱情的信号，羞涩的女人面颊上有如桃花一现般的美，内心如同一只小鹿在乱撞，她们的情感既想澎湃又要压制，就那样矛盾着……让男人深陷其中。

羞涩是女人一种高贵的矜持，她们怡静淡雅，贤淑妩媚，含蓄之中自是魅力无限。就像易安居士所说的那"和羞走，倚门回首，却把青梅嗅"。这样清灵婉约的女子形象，从某种意义上说，最是符合男人的审美观。

羞涩，其实也正从侧面反映出了女人内心的纯美，因为质朴、因为真诚、因为善良，羞涩感才会油然而生，倘若是一个"恶向胆边生"的女人，你想她会知道羞涩吗？羞涩的女人常常是易于感动的，这缘于她们有一颗感性敏锐的心，她们不像世故的女人，阅尽人间百态，看破人情冷暖，对一切冷漠得毫不在乎。她们哪怕是被你不经意地看一眼，甚至都会满面红霞，她们就像敏感的害羞草，让人忍不住就想去碰碰它的叶子，欣赏它羞答答合拢的模样。

羞涩是一种由内而外散发的美感，或许并不能直观地看出来，但你绝对可以感受到。女人的美有很多种，但直观上的美往往会随着时间的推移而流失，需要用心去感受的羞涩之美则会随着年轮流转融入他人的心灵，成为女人身上一道永恒的风景，任时光荏苒亦不会褪色。

  作为女人，我们多少要让自己带些含蓄和羞怯，这更会为自己的魅力加码。我们应该追求独立，应该活泼伶俐，但也不要丢失了女人独有的含蓄。

  我们待人处事时不妨腼腆一些，去彰显出女性原汁原味的美感。让自己就像那新榨的橘子汁一般，清新，芬芳，弥散着田园的香气。这样的女子，生人初见，便觉她，丹唇未启头先低，再抬起，如雪香腮上，便风云突变，不闻雷霆乍惊，却红云朵朵暗度，如烈酒微醺，如桃花新绽，气象万千，令人叫绝。这就是女人味，是女人味中的上乘气质，含着羞涩，又是一种无法抵挡的妩媚。要知道，无论何时，一个女人若是没了妩媚，属于女性的朦胧之美便烟消云散了。

  当然，面对如此娇羞的你，肯定会有很多人劝你大方一点，不要那么腼腆。是的，大方一点是应该的，但也不要大方得丢了腼腆。这就好比一枚钻戒，大方是白金戒身，而腼腆则是珠气暗藏的红宝石，没了这颗红宝石，大方便会落入俗套，徒有其表，少了真正的美感。所以我们必须懂得腼腆，这不是女人的底线，却是女人的底色。有了这份腼腆，女人身上的至纯之美才会若隐若现，当一个男人看到这样的女人时，就会像看到一朵惹人怜爱的花儿一样，想要采摘却又不忍亵玩。

  所以说，女人无论何时，都别忘了让自己带有一份腼腆的娇羞。

第四章 绽放气质：最美的风情，把生活绣成锦帛

情趣之媚，顾盼生辉

女人光有漂亮的外表还不够，那只是一副皮囊，情趣才是女人的精华所在，尤其是那些高雅的情趣，更是能够体现女人的妩媚与可爱，令女人变得万种风情、千娇百媚。有情趣的女人顾盼之中便会生辉；一言一语优雅不俗；巧笑嫣然令人流连；待人接物大方怡然……她们的一举一动、一颦一笑都如丝丝垂柳荡人心弦，又如缕缕春风清爽甜蜜，恰似朵朵百合清新脱俗，仿佛涓涓细流滋润心田……她们往那一站，便有如华美的女神，令人遐想、陶醉，令人浮想联翩，顿生倾慕之心。

那些有情趣的女人胸襟多是豁达的，她们无论遇到什么打击与伤害，很少会耿耿于怀，她们乐观而又豁达，并能够将自己的这份情绪传递给身边的朋友或亲人，让他们因为拥有她而快乐。

她们又是善解人意的，她们知道用女人特有的细腻来解读男人的心，她们不会太过骄横，不会干涉属于男人的自由空间，她们只会用自己的情趣令男人着迷，以自己的心系着男人的心，不让他们脱离正常的轨迹。

她们还是懂的装傻的，虽然看起来憨憨的、笨笨的，其实内心里比谁都透亮，小脑袋比谁都聪明。只不过，很多时候她愿意故意做个

傻女人，因为她们知道男人惧怕女人的精明。她们甚至还会试着去接触男人的情趣、爱好，并下意识地去迎合男人的爱好，因为她们希望和自己的男人一起分享快乐。

有情趣的女人不会把名利看得太重，她们总是云淡风轻的，始终会保持一份优雅的淡定。无论二人的世界发生了什么事，她们总是会平心静气地与男人沟通，绝不会喋喋不休，甚至一哭二闹三上吊，她们不愿意给丈夫一丝一毫的心理压力，她会用自己特有的情趣去活跃彼此间紧张的气氛，会及时消除彼此间的不快和误解，让两个人的生活永远活色生香。

有情趣的女人大多都是贤内助，她们常常会将家收拾得井井有条、纤尘不染。当男人劳累一天回到家中时，她们会立刻端上一杯热茶，送上一句甜蜜的问候，给他一个深情的吻……她们会不断翻新餐桌上的菜式，为的就是让男人吃得舒心而又温馨……假如说一个家庭中有一个有情趣的女人，那么你会发现，这个家永远飘荡着一种让人心神荡漾、百闻不厌的馨香，那是只有情趣女人才能酿出的馨香，那就是情趣女人的情趣所在，因为她们是在用心经营自己的爱、经营自己的家，这会让她心爱的男人永远留恋有她的那个温馨小窝。

女人的美很大一部分就来自于她的情调，情调是女人与生俱来的妩媚，是女性灵魂中最诱人的部分，这样的女人，其内心保持着柔软的不可触摸的柔情，保存着善良而宽容的心，她们时而风情万种，时而不胜娇羞，时而天真可爱，时而风趣盎然，她们浑身散发着摄人心魂的女人味。

第四章 绽放气质：最美的风情，把生活绣成锦帛

如果你不是一个有情趣的女人，倘若还差那么一点，别放弃、快努力，争取早日成为一个有情趣的女人，因为一个有情趣的女人，一定是美丽的，一定是在爱着，且被爱着的，假如你能够成为一个有情趣的女人，你将会变得更加与众不同……

一份沉静，一份绝美

温暖的阳光下，坐在阳台上打开一本自己喜爱的书，伴着悦耳的音乐和卡布奇诺的芳香，就这样享受着属于自己的时光。这将是怎样一幅美好的场景。不管外面的世界多么的喧嚣，女人也一定要记得留给自己一份沉静的感觉。这份沉静应该走入我们的性格，深入我们的气质。只有这样，我们的心才能恒久地保持安宁，我们的言谈举止才能真正显露出属于自己的那份淑女范。

尽管你是一个外向开朗的女人，也不要忘记留给自己那么一片沉静的空间，我们可以默默地做一些自己想做的事情，拿起一本自己一直想读的书，给自己一些独处的空间，将种种烦恼和忧虑搁置一旁，悠然地享受这份沉静给自己带来的快乐。当这种内心的沉静随着你的言谈举止由内而外地散发出来，那种没有芳香的芳香就会紧紧地围绕在你的左右，使你因为内心的这份沉静而拥有更优雅的气质、更恬淡

幸福的人生。

生活本就清清淡淡、平平凡凡，如涓涓流水，于安静中沉思默想的女子是人生经过深思熟虑后的选择，是历尽沧桑后的返璞归真，安静也让女人的心灵更加充满宽容、博爱，也让她们有更大的心灵空间去容纳思想的自由翱翔，为生命积蓄能量。"宁静以致远"，安静中有一种寻求智慧的沉思之美，是人生大彻大悟的开端。

记得有一个记者采访一位著名演员："在喧闹的人群中，你会选择什么方式引人注意？"这位演员说："我会选择沉静地坐着。"是的，沉静地坐着，沉静地微笑，沉静地站在世界的面前，这种沉静所流露出来的自信、端庄、高贵是非常引人注意的，是很有穿透力的，它足可以让人在喧哗中停下来，多看你一眼。

女人，学会沉静才能从容应对迎面而来的种种考验。"静水流深"，沉静，会让你深不可测。你的人生还会有多重天，你要沉静下来，洞察一切，抓住机会，做好各方面的事，这样，人生才会更上一层楼，进入大智慧、大视域、大心境的境界。

沉静是女人身上的一种独特的美，无须浓妆艳抹，无须华服加身，这种美是从骨子里散发出来的感觉淡淡的、甜甜的，它紧紧地围绕在女人成熟干练的行为里，渗透在她们精明而果敢的微笑中。尽管没有张扬，没有喧嚣，甚至没有语言，但这份女人内心的沉静却深深地打动着身边的每一个人。

这份沉静，是因为摔打与磨砺渐渐让一颗心变得平和。有了这份沉静，已经不是什么事都能令你愤怒或咆哮，那些背后的暗箭、他

第四章　绽放气质：最美的风情，把生活绣成锦帛

人的中伤，听到了也会置之一笑。这时候，我们不会像少女时那样张扬，而是言语自信、笑容优雅、态度坦然、打扮端庄，是一个温婉可亲的高贵女子的形象。这是一种独特的美，它来源于人生的涵养、经历、沧桑的沉淀，展现在人们面前，就是女人最优雅的霓裳。

不流于俗，便是天使

世界上美丽的女人实在多得不计其数，但真正脱俗的美丽女人那是少之又少。黛安娜的美丽，令全世界男人向往；思嘉丽的美丽，因其独具的魅力受到人们的称赞。美丽高贵的女人几乎没有人能抵挡得住她们的力量，那是因为她们身上具有脱俗的魅力。

脱俗的女人是很有魅力的女人，这样的女人对于男性来说，永远是神秘的。生活中不断上演着爱情的悲喜剧，而且将永远继续下去，这其中吸引男性的原动力就是女人的魅力。女人的魅力有很多因素，从外表的姿容到内在的性格、知识、修养等。自古以来，就有这样一种女人，她们好像生来就超凡脱俗，有一种娴雅和诱人的魅力，使得她们在男人的心里永存。

有首诗写道："我只是看见她走过我的身边，但是我爱她直到我死的那一天。"许多历史上令人难忘的女人们所具有的，不只是性感，

更重要的是她们有迷人的妩媚和内涵。令人难忘的女人是美丽、善良、温柔、热情、有内涵、能吃苦的,她们能体谅别人的苦衷,做任何事情都全神贯注,从不在乎别人说什么,她们并不多说话,也不过多装扮自己,但当男人和她们在一起时就会感觉到快乐、轻松、悠然。她们是男人心目中期盼的女神。

有一位诗人在给他情人的诗中写道:"多少人爱慕你的年轻,多少人爱慕你的美丽,多少人爱慕你的温馨,可有一个人,他爱慕你的圣洁灵魂,爱慕你衰老的面孔,爱慕你痛苦的皱纹。"女人的美丽,更重要的是灵魂和气质,女人的美丽首先是有女人味,有女人味的女人犹如温醉的空气,如听箫声,如嗅玫瑰,如躺在天鹅绒的毛毯里,如水似蜜,如烟似雾,有女人味的女人一举步、一伸腰、一掠鬓、一转眼,都如蜜在流,水在荡,里面流溢着诗与画无声的语言。真是:"盈盈一水间,脉脉不得语。"

但凡脱俗的女人,我们都会在心中用天使去比喻她,她们好比天使般纯洁无瑕,她们就是天使。男人希望自己的女人都是天使,女人也希望自己在男人心中是天使。那么,有品位的女人,一定要提高自己的修养,能够让自己的表现超凡脱俗。

脱俗的女人是有内涵的,是有品位的,她们有渊博的知识、睿智的语言,在事业上能够创造进取。这样的女人是众人乐于交往的对象,这样的女人也比较容易成功。因此,想做一个有品位的女人,你一定要脱俗!

第五章 锻造心态：
优雅女人，都有一颗高贵的心

女人命运好不好，全在心态好不好。好心态就是一面镜子，展现了女人美好的心灵；好心态就是避风港，抵挡骤雨狂风的侵袭；好心态又像一个弹簧，能够让女人的生命更有张力。女人有了好心态，纵使日日粗茶淡饭，幸福感也能时时洋溢；女人有了好心态，就算没有怡人的外貌，也能一样的优雅而富有魅力。

你到底在害怕什么呢？

在做一件事前，很多人常会对自己说："算了吧！这是不可能的。"其实所谓的"不可能"，只是他们不敢去面对挑战的借口，只要你大胆去尝试，你就可以把很多"不可能"变成轻而易举的事。

大多数女人认为不可能做到的事肯定是十分困难，甚至是难以想象的事。因为太难，所以畏难；因为畏难，所以根本不敢尝试；不但自己不敢去尝试，还认为别人也做不到。

其实，世上没有什么不可能办到的事，办成只是个时间问题。客观上没有"不可能"，并不等于主观上没有"不可能"，如果主观上认为"不可能"，那就真的不可能了；主观上认为"可能"，那么，任何暂时的"不可能"终究会变成"可能"。

李岚从小就受过系统的音乐训练，但开始唱歌却是最近几年的事，从前甚至有人声称她没有唱歌的天赋，因为她的声音里有一种沙哑的味道，而这些味道是当时流行乐坛所没有的。但李岚的音乐才能并没有被无情的嘲讽所埋没，她也没有因为被别人否定、自己的嗓音不好而自卑，相反，这更激起了她学习音乐的热情。开始她以填写歌

第五章 锻造心态：优雅女人，都有一颗高贵的心

词为主，那时她正在南加大电影学院专攻剧本创作，偶尔的机会她进了录音棚并引起了别人的注意，于是便加入了巡回演出的爵士乐团，真正地开始了演唱生涯，1998 年无疑是她音乐事业的一个转折点，Epic 唱片公司与李岚签约，开始着手准备《On How Life Is》专辑的录制工作，这张专辑的音乐风格极具多样化，Hip-Hop、黑人灵歌、说唱、朋克、摇滚等乐风的有机结合不得不让人赞叹不已，音乐整体风格呈现出一种悠闲自得、一气呵成的特点，使听者的情绪随着音乐的节奏和曲调不断变换，质感十足且细致入微的声音和巧妙的编曲尤其让人陶醉……

其实，所谓名人并没有什么统一的标准，也许，名人就是心灵自由的人。相比较他们头上的光环，他们身上那种很自信、很自我的状态，才是最让人羡慕的东西。

胆怯是人生成功的大敌，它会损耗你的精力，折磨你的身心，缩短你的寿命，让你失去信心，阻止你获得人生中一切美好的东西，克服它你才能给自己赢得一次成功的机会，如果你不愿失败，就立即行动向胆怯挑战，人生的路很漫长，如果你一直都无法面对心底的这个魔鬼，到头来后悔也来不及了。

敢于直面胆怯，克服你的胆怯心理，人生便不再永远黑暗，敢于争取的女人才会给自己争取成功境界里的一席之地，如果你无法战胜自己的胆怯心理，幸福也就会与你擦肩而过。

请别在悲观的河水里沉溺自己

一个被"悲观心态"困扰的女人，纵然嘴里可能时常在念叨成功、幸福、好运，但这一切都因为她心中充满着恐惧、畏怯、消极、怠慢等而变得虚无缥缈。

哲人说，在女人一生的航程中，悲观心态者一路上都在晕船，无论目前境况如何，她们对将来总是感到失望、担心，无法感受快乐、好运和幸福，更谈不上充分享受人生旅程中美好的风光了。

乐观与悲观这两种截然不同的心态在每个女人的心中都会交替出现，没有谁能保证自己时刻都是积极的、乐观的。但在更多的时候，我们要引导自己以乐观的心态看待发生在自己周围的事情。

一位挑水的农妇有两个用了很久的水桶，分别吊在扁担的两头，其中一个桶有裂缝，另一个则完好无缺。在每趟长途的挑运之后，完好无缺的桶，总是能将满满一桶水从溪边送到主人家中，但是有裂缝的桶到达主人家时，却只剩下了半桶水。

两年来，挑水农妇就这样每天挑一桶半的水到主人家。当然，好桶对自己能够装满整桶水感到很自豪。破桶呢？对于自己的缺陷则非

第五章 锻造心态：优雅女人，都有一颗高贵的心

常羞愧，对自己的命运感到悲哀，它为只能负起责任的一半，感到非常难过。

饱尝了两年失败的苦楚，破桶终于忍不住，在小溪旁对挑水农妇说："我很惭愧，你还是抛弃我吧！""为什么呢？"挑水农妇问道，"你为什么这么想呢？""过去两年，因为水从我这边一路地漏，我只能送半桶水到你主人家，我的缺陷，使你做了全部的工作，却只收到一半的成果。"破桶说。挑水农妇富有爱心地说："我们回到主人家的路上，我要你留意路旁盛开的花朵。"

果真，她们走在山坡上，破桶眼前一亮，看到缤纷的花朵，开满路的一旁，沐浴在温暖的阳光之下，这景象使它开心了很多！但是，走到小路的尽头，它又难受了，因为一半的水又在路上漏掉了！破桶向挑水农妇道歉。挑水农妇温和地说："你有没有注意到小路两旁，只有你的那一边有花，好桶的那一边却没有开花呢？虽然你只能为我装半桶水回到目的地，但却浇灌了一路美丽的花草。每回我从溪边来，你就替我一路浇了花！两年来，这些美丽的花朵装饰了主人的餐桌。如果你不是这个样子，主人的桌上也没有这么好看的花朵了！"

生活中的很多事情都如那个漏水的水桶一样，能够从不同的方面给予不同的评价，你乐观地看待某事，就能发现其中更多积极的意义，这样也能给自己带来更多的快乐。一切困难，都可以克服。

乐观之于人生，是浮荡在地平线上那袅袅升起的热望与希冀，是寻得一份旷达与美好的铺垫与勇气。在乐观中撷取一份坦然，你的面

前就会盎然多彩,若在悲观中摘下一片沉郁的叶子,只能瓦解你积蓄的力量。那些不停抱怨的悲观者,看到的总是事情灰暗的一面,即便到春天的花园里,他看到的也只是折断的残枝、墙角的垃圾;而乐观者看到的却是姹紫嫣红的鲜花、飞舞的蝴蝶,自然,他的眼里到处都是春天。

女人要明白,你越怕什么,就越会发生什么。因此,一定要懂得运用积极态度所带来的力量,要相信希望和乐观能引导你走向胜利。即使处境艰难,也要寻找积极因素,这样,你就不会放弃取得微小胜利的希望。

任何时候,都还有选择的权利

人生中的磨砺,一串一串,我们不断经受着失恋、失业、失家的考验。

人在困境中,思维多向两个方向转变:一是惰性,被困境所折服;二是韧性,抛却杂念,寻找一切机会改变所处的环境。我们应该明白自己需要的是后者。

一个女孩整天抱怨她的生活,抱怨事事都那么艰难,她不知该如

第五章　锻造心态：优雅女人，都有一颗高贵的心

何应付生活，想要自暴自弃了。她已经厌倦抗争和奋斗，好像一个问题刚解决，新的问题就出现了。

她的父亲是位老厨师，他把她带进厨房。他先往 3 口锅里倒入一些水，然后放在旺火上烧。不久锅里的水烧开了。他往一口锅里放些胡萝卜，第二口锅里放入鸡蛋，最后一口锅放入碾成粉状的咖啡豆。他将它们浸入开水中煮，一句话也没有说。

女儿撇着嘴，不耐烦地等待着，纳闷父亲在做什么。大约 15 分钟后，他把火关了，把胡萝卜捞出来放入一个碗内，把鸡蛋捞出来放入另一个碗内，然后又把咖啡舀到一个杯子里。做完这些后，他才转过身问女儿："我的女儿，你看见什么了？""胡萝卜、鸡蛋、咖啡。"她回答。

他让她靠近些并让她用手摸摸胡萝卜。她摸了摸，注意到它们变软了。父亲又让女儿拿一个鸡蛋并打破它。将壳剥掉后，她看到的是个煮熟的鸡蛋。最后他让她喝咖啡。品尝到香浓的咖啡，女儿笑了。她低声问道："爸爸，这意味着什么？"

父亲解释说，这三样东西面临同样的逆境——煮沸的开水，但其反应各不相同。胡萝卜入锅之前是强壮的、结实的，毫不示弱，但进入开水后，它变软了、变弱了；鸡蛋原来是易碎的，它薄薄的外壳保护着它液体的内脏，但是经开水一煮，它的内脏变硬了；粉状咖啡豆则很独特，进入沸水后，它倒改变了水。"哪个是你呢？"他问女儿，"当逆境找上门的时候，你该如何选择呢？你是胡萝卜，是鸡蛋，还是咖啡豆？"

那么，你呢？你是看似强硬，但遭遇痛苦和逆境后畏缩了，变软弱了，失去力量的胡萝卜吗？你是内心原本可塑的鸡蛋吗？你是个性情不定的人，但是经过死亡、分手、离异，或失业，是不是变得坚硬了，变得倔强了？你的外壳看似从前，但是你是不是因有了坚强的性格和内心而变得顽强、坚忍了？或者你像是咖啡豆吗？努力改变了给它带来痛苦的开水，并在它达到高温时让它散发出最佳气味，水越烫，它的味道就越好。如果你像咖啡豆，你会在情况最糟糕时，变得有出息了，并使周围的情况改变好了。问问自己是如何选择的。你是胡萝卜、是鸡蛋，还是咖啡豆？

人从生下来那天开始，便成为世界上一个自主的个体。开始吸收这个世界上自己最希望得到的各种养分，享受生命过程中的各种愉悦，当然，也会经受生命过程中的各种磨砺。

任何一个人都有追求幸福、获得快乐的欲望。把握一些细节，可以更多地享受人生的快乐，减少生活的磨砺。我们应该把磨砺缩小，将甚至是几乎没有的希望和幸福放大。遇到逆境时，请别忘记你还有选择的权利，是征服逆境还是被逆境征服全在你的一念之间。

第五章 锻造心态：优雅女人，都有一颗高贵的心

再恶劣的路，总会有出路

人生因为有进取之心而变得充实，人生因为有进取之心而变得精彩。进取性格的宝贵意义就在于，它能使你不愧于自己的一生，为自己带来成功和欢乐。

很多女人，尽管出身微寒，或身患残疾，或饱受折磨，但是她们仅仅凭借进取心，勇敢地挑起了生活的重担，她们充分地开发和利用了生命中的巨大潜能，从而成就了一生的梦想。

原TCL集团副总裁吴士宏就有着鲜明的进取型性格，她的成功史，是一部坚强女人不畏困难的奋斗史：她没有被疾病吓倒，没有被学习中的困难所累倒，她用超过常人的进取精神催促自己前进，用自信和坚毅与自己赛跑，从中领悟超越自我的含义；她就像高尔基笔下的那只在暴风雨中逆风飞翔的海燕一样，无畏风雨，于苦难中始终奋发向上。

年幼的吴士宏头脑聪明，胆子大，爱运动。不幸的是，一场大病从天而降，打乱了她原本计划好的一切。整整4年，三次报病危，她躺在病床上承受着病痛与孤寂的折磨。这场使她身心备受折磨的

"病",让她恍如隔世。4年后,她终于从病中得到了解放。大病初愈的她并未因自己的不幸对生活产生怨言,而是觉得自己的生命只能重新开始。于是,从那时开始,吴士宏便萌发了一个想法:要做一个成大事的人。

考大学还有机会,但不属于她。因为她没有钱、没有时间。生病的4年没有任何收入却花费很多,就算考上大学,没有工资还得自负生活费,太不现实了。于是,她决定选择一条"捷径"——参加高等教育自学考试来彻底改变自己的生活。对吴士宏来说,自学并不是最高效的方式,而是因为别无选择。她有一个目标:把病中耗费的4年时间补回来。她选了科目最少的英文专业。书可以借一部分,要买的只有几本;要省钱,还可以听收音机。从此,她开始拼命,用自己的进取心和不顾一切的努力去拼搏。吴士宏的英文都是从头学的,花一年半拿下了大专,吴士宏感触最深的两个字是"真苦"!她每天挤出10个小时的时间用在学习上,自考文凭考下来了,她最得意的是"赚"回了点时间。

此后,学业完成后的吴士宏因一个意外的机缘到了IBM。一开始她做的是"行政专员",与打杂无异,什么都干。身处一群无比优越的真正白领阶层中,吴士宏感到了巨大的压力,常常觉得自己没有能力,没有价值。

但吴士宏是一个善于"成长"的人。她始终不断地学习、实践、超越,再学习、再实践、再超越。刚进IBM时,吴士宏几乎什么都不会,连打字都是从头学起,她拼命努力学习一切相关的东西。她

第五章 锻造心态：优雅女人，都有一颗高贵的心

开始做销售的时候，感觉到专业知识是第一大障碍，"培训毕业只是个模子，要把客户的具体要求套进去再做出方案来，没那么容易！"在这过程中，她给自己定下了要"领先半步"的目标，时常还有这样的想法，"不把自己累到极点，就觉得不够努力，对不住自己"，吴士宏对自己始终要求严格。因此，吴士宏在办公室里晕倒过，吐过血，犯过心绞痛；还专门在抽屉里备着闹钟，一个星期总有几次熬到凌晨两三点。就这样，在付出了辛苦和心血之后，她终于发展了第一个大客户——中远。中远的运输公司业务是IBM主机，外轮代理全部是IBM小型机系列。1994年，吴士宏去了IBM华南公司，她在那里成功地带起了一支队伍，与大家一起成长，一起做出了辉煌的业绩。

历史上，所有的成功者之所以能够激发潜能成就梦想，都是因为他们怀有勇敢面对、大胆挑战生命中那些阻碍他们发挥潜能的缺陷和困难的进取心。当一个女人怀有强烈的进取心时，那么在她的人生中，无论遭遇恶劣的情况，还是碰到难以克服的障碍，她都会克服一切阻挠，找到自己的出路，并实现人生的价值。

另一扇窗，看到的结果不一样

　　人生的旅途中，我们要面临很多事情，打开不一样的窗，就会看到不一样的风景，拥有不一样的心境，走向不一样的人生。如果一不小心，你推开的是那扇"让人不愉快的窗"，请马上关上它，并试着推开另一扇窗。

　　镇上有一个小女孩儿，一天，她打开窗户，正巧看见邻居在宰杀一条狗。那条狗平时常和小女孩儿在一起嬉戏，小女孩儿看着这悲惨的场面，不禁泪流满面，悲恸不已。她的母亲见状，便把小女孩儿领到另一个房间，打开了另一扇窗户。窗外是一片美丽的花园，明媚的阳光和暖地照着，鲜花五彩缤纷，蝴蝶和蜜蜂在花丛间飞舞。

　　小女孩儿看了一会儿，心里的愁云顿时一扫而空，心境重新开朗起来。母亲抚摸着女儿的头，说："孩子，你开错了窗子。"

　　人生路上，我们常会开错"窗"，并且又执拗地深陷其中无法自拔，因而错过了另外一路好风景。

　　还有另一个故事。一架客机在飞行中出现故障，所有乘客大惊失色，有的不断祷告，有的痛哭咒骂，只有一个老太太神态自若。很幸

第五章 锻造心态：优雅女人，都有一颗高贵的心

运，不久之后，飞机故障排除了。事后，机长好奇地问老太太："您为什么可以如此镇静？"老太太说："飞机故障排除，我就可以去看我的小女儿；万一失事，我就可以见到我的大女儿了，她已在10年前去了天堂。"

老太太之所以拥有如此豁达的心境，是因为她开对了人生的窗。

其实，一个人生命中的得与失，总是守恒的。我们在一个地方失去，就一定会在另一个地方找回来。任何不幸、失败与损失，都有可能成为我们的有利因素。生活也真的很公平，它可以将一个人的志气磨尽，也能让一个人出类拔萃，就看你是怎样的一个人。

一名警察有着超人的听力，可以辨别不同时间、环境中发出声音的细微差异，比如能凭借窃听器里传来的嘈杂的汽车引擎声，判断犯罪嫌疑人驾驶的是一辆标致、本田还是奔驰。他还会说7国语言。这些非凡的能力，使他成为警局中对抗恐怖主义和有组织犯罪的珍贵人才。

可谁能想到，这位超级英雄手里握的不是一支枪，而是，一支盲人手杖。

他叫夏查·范洛，是比利时警察局的一名盲人警察。

他曾一度在失明的痛苦和恐惧中沉沦。直至17岁那一年，他的人生获得了新生的力量。

有一天，他因判断失误，撞上了一辆响着铃的自行车。他愤恨，怪对方说自己是瞎子，他觉得是对方故意撞倒他的，而对方留下了一句不经意却让他铭刻在心的话。

那人说，铃按得那么响，眼睛看不见，不会用耳朵去听吗！

呆了好半晌，范洛才回过神来——终于，他想到了自己的耳朵。

现在，范洛从不忌讳别人说自己是盲人。他常说，正因为我看不见，我才会听到别人无法听到的声音！

"眼睛看不见，不会用耳朵去听吗？"多么简单而精辟的哲理！上苍真的很公平，命运在向范洛关闭一扇门的同时，又为他开启了另一扇门……

有太多太多的人被某一天、某一刻、某一件事改变了人生后，生命的车轮折向了他们不想去的地方。他们慨叹失去，慨叹不公，把自己封锁在了自己设定的暗盒中。但是，不能啊，不能让精神世界的匮乏伴随自己走过余生！看看那些抓住"光明"扳转命运的人们吧——有一些失去何尝不是人生另一段成功旅途的起点！

世上的任何事物都是多面的，不要只是盯着其中一个侧面，这个侧面让人痛苦，但痛苦大多可以转化。有一个成语叫"蚌病成珠"，这是对生活最贴切的比喻。蚌因体内嵌入沙粒而痛苦，伤口的刺激使它不断分泌物质疗伤，待到伤口复合时，患处就会出现一粒晶莹的珍珠。试想，哪粒珍珠不是由痛苦孕育而成的呢？所以，当你正经历风雨之时，想想风雨过后那明媚的阳光，想想那绚丽的彩虹，你是不是应该信心满怀呢？

第五章 锻造心态：优雅女人，都有一颗高贵的心

伤口，是为了让你学会路该怎样走

我们一生，要走很远的路，有顺风坦途，有荆棘挡道；有花团锦簇，有孤独漫步；有幸福如影，有痛苦随行；有迅跑，有疾走，有徘徊，还有回首……正因为走了许多路，经历了无数繁华与苍凉、喜悦与落寞，我们才能在时光的流逝中体会岁月的变迁，让曾经稚嫩的心慢慢地趋于成熟。

有位女士前去闺蜜家做客，才知道闺蜜3岁的儿子因患有先天性心脏病，最近动过一次手术，胸前留下一道深长的伤疤。

闺蜜告诉她，孩子有天换衣服，从镜中看见疤痕，竟骇然而哭。

"我身上的伤疤这么长！我永远不会好了。"她转述孩子的话。

孩子的敏感、早熟令她惊讶，闺蜜的反应则更让她动容。

闺蜜心酸之余，解开自己的腰带，露出当年剖腹产留下的刀疤给孩子看。

"你看，妈妈身上也有一道这么长的伤疤。"

"因为以前你还在妈妈肚子里的时候生病了，没有力气出来，幸好医生把妈妈的肚子切开，把你救了出来，不然你就会死在妈妈的肚

子里面。妈妈一辈子都感谢这道伤疤呢!"

"同样地,你也要谢谢自己的伤疤,不然你的小心脏也会死掉,那样就见不到妈妈了。"

感谢伤疤!——这四个字如钟鼓声直撞心头,她不由低下头,检视自己的伤疤。

它不在身上,而在心中。

那时节,她在工作上屡遭挫折,加上在外独居,生活寂寞无依,更加重了情绪的沮丧、消沉,但生性自傲的她不愿示弱,便企图用光鲜的外表、悍强的言语加以抵御。结果隐忍的内伤,终至溃烂、化脓,直至发觉自己已经开始依赖酒精来逃避现状,为了不致一败涂地,才决定结束这颓败的生活,辞职搬回父母家。

如今伤势虽未再恶化,但这次失败的经历却像一道丑陋的疤痕,刻划在胸口。认输、撤退的感觉日复一日强烈,自责最后演变为自卑,使她彻底怀疑自己的能力。

好长一段时日,她蛰居家中,对未来裹足不前,迟迟不敢起步出发。

闺蜜让她懂得从另一方面来看待这道伤疤:庆幸自己还有勇气承认失败,重新来过,并且把它当成时时警惕自己,匡正以往浮夸、矫饰作风的记号。

她觉得,自己要感谢朋友,更要感谢伤疤!

我们应该佩服那位妈妈的睿智与豁达,其实她给儿子灌输的人生态度,于我们而言又何尝不是一种指导?人生本就是这样——它有时

第五章　锻造心态：优雅女人，都有一颗高贵的心

风雨有时晴，有时平川坦途，有时也会面临上没有桥的河岸。苦难与烦恼，亦如三伏天的雷雨，往往不期而至，突然飘过来就将我们淋湿，你躲都无处可躲。就这样，我们被淋湿在没有桥的岸边，被淋湿在挫折的岸边、苦难的岸边，四周是无尽的黑暗，没有灯火，也没有明月，甚至你都感受不到生物的气息。于是，我们之中很多人陷入了深深的恐惧，以为自己进入了人间炼狱，唯唯诺诺不敢动弹。这样的人，或许一辈子都要留在没有桥的岸边，或者是退回到起步的原点，也许他们自己都觉得自己很没有出息。然而，人活着，总不能流血就喊痛，怕黑就开灯，想念就联系，疲惫就休憩，被孤立就讨好，脆弱就想家，人，总不能被黑暗所吓倒，终究还是要长大，最漆黑的那段路终要自己一个人走完。

想不开就不想，得不到就不要

对于得不到的东西，人们往往认为它是美好的。

殊不知，得不到的东西未必就好，我们觉得它无比美好，是因为在我们的思想里潜藏着某种欲望，当这种欲望不能得到满足时，就会加倍渴望，甚至是把它视为完美的梦想，刺激我们去征

服。但事实上,很多时候我们得到以后会发现,它并不如想象中那般美好。

女孩爱上了一个男孩,想尽办法讨对方的欢心。她认为男孩就是自己的男神,王子一般的存在。她千方百计打听男孩的喜好,尽量满足他的需求,每天都是这样,并且无怨无悔。

可是,男孩的心里早已经有了别人,她一次次地被拒绝,可是越是这样,她就越觉得男孩弥足珍贵,越是爱得死去活来。

应该说是皇天不负有心人,男孩同样被心上人拒绝了,他失恋了,很痛苦。女孩抓住时机,极尽温柔体贴,抚慰他受伤的心灵,用了半年时间,终于让男孩喜欢上了自己。然而相处久了,女孩渐渐发现男孩并没有想象中的那么完美。

在一起的时候女孩发现,男孩吃饭时总是把盘子里的菜翻来翻去,即便有外人在场也是如此;男孩的个人卫生习惯很不好,东西总是乱扔乱放,他的衣着每天都是邋里邋遢;男孩发起脾气来旁若无人,大喊大叫,摔摔打打。这让女孩心里有些反感。

终于有一天,男孩再一次对女孩发脾气后,女孩下定决心离开了他。她实在不能忍受男孩的种种毛病,她想不明白,表面看上去如此完美的男子,怎么会是这样的呢?女孩忍不住感慨道:"真是被自己的想象欺骗了吗?"

有些东西我们得不到时,总是对其充满幻想,待得到之后,才发现它的缺点是那样明显,而后,自然而然便失去了兴趣。这是大多数人的心魔——欲求不得愈欲得,结果弄得自己痛苦不堪。

第五章 锻造心态：优雅女人，都有一颗高贵的心

有一个小学老师，一直以来过着相夫教子、安分守己的日子。有一天，一位从来也没有听说过的远房亲戚在国外去世了，临终指定她作为遗产继承人。

遗产是一个难以估价的高档服饰商店，这位老师欣喜若狂，开始为出国做各种准备。等到一切准备就绪、即将动身时，她又得到通知，一场大火烧毁了那个商店，服饰也全部变为了灰烬。

这位老师空欢喜一场，重新返回学校上班，但她似乎也变成了另外一个人，整日愁眉不展，逢人便诉说自己的不幸："那可是一笔很大的财产啊，我一辈子的工资还不及它的零头呢。"

"你不是和从前一样，什么也没有丢失吗？"一个同事问道。

"这么一大笔财产，怎么能够说什么也没有失去呢？"老师心疼地叫起来。

"在一个你从来都没有到过的地方，有一个你从来都没有见过的商店遭了火灾，这与你有什么关系呢？"那个同事劝她看开些。

可是不久以后，这位老师还是得了忧郁症死去了。

这就像是一个小孩子，没有糖时很平静，平白无故得到糖时很高兴，等到糖丢了时，便极度地伤心。可是，那失去糖后，应与没得到糖时一样呀，又有什么伤心的呢！如果那位老师真的得到了遗产，她可能不至于郁郁而终。问题是她已经没有办法得到了，而她一直认为拥有了那份遗产后的生活会是多么的美好惬意，于是被自己的想象活活折磨死了。如果她换一种心态，不对那份遗产过于期盼的话，她依然可以过着自己平静无忧的生活。

　　得与舍的关系其实很微妙，人一生也许只能得到有限的几样东西，甚至几点东西，而这些，可能要用一生的时间来换取，所以从这个意义上讲，人生是个悲剧。这个世界上有那么多东西，又有那么多的美好，可是那一切好像与你无关，它对于你只是作为一种诱惑出现，你只能眼睁睁看着别人将它拿走。如果一点都放不开，什么都舍不得，什么都想得到，就会活得很累。可是你本来就一无所有，甚至这世界上本来就无你，从这点看，你已经获得了几样东西，最起码获得了生命和来世界走一遭的体验。上帝对你还是不错的，起码在这个美好纷繁的世界上旅游了这么多年，所以你看，你是不是又得到了许多？

自己的选择，就别让自己后悔

　　也许人生最遗憾的，因为轻易地放弃了不该放弃的，却固执地坚持了不该坚持的。在女人的一生之中，我们可能要走过很多岔路口，我们要在这里做出选择，但我们难以预料是对是错。或许，人生的痛苦有很大一部分就来自于这选择，因为选择就意味着一定要放弃其中一方。但没办法，不能两全其美。纵然你可以选择后悔，但一切已经

第五章 锻造心态：优雅女人，都有一颗高贵的心

不能挽回。其实我们应该在选择之初考虑清楚，什么对于自己才是最重要的，因为一旦选择了，你就要对自己的行为负责。当然，即使错了，我们也没有必要活在对过去的追悔之中，你首先应该考虑的是自己为什么会选错。

曾看过这样一个故事，寓理中带着那么几分伤感，与大家一起分享一下：

女人那时刚刚大学毕业，很矜持，只会腼腆地笑。

两个人第一次到海鲜馆吃饭，男人为她点了一条鱼，一条她叫不出名字的鱼，这是那天饭桌上唯一的一道荤菜。鱼身还没动，男友就先夹起鱼眼放到她面前："喜欢吃鱼眼吗？"

她不喜欢，而且也从来不吃鱼眼，但却不忍拒绝，便羞涩地应许。

男友告诉她说，他很喜欢吃鱼眼，小时候家里每次吃鱼，奶奶都把鱼眼搛给他吃，说鱼眼可以明目，小孩吃了心里亮堂，奶奶死了再也没有人把鱼眼搛给他了。

"其实鱼眼也并没什么好吃的，"男友笑着说，"只是从小被奶奶宠惯了，每次吃鱼，鱼眼都归我——以后，就归你了，让我也宠宠你。"于是男友深深地凝视着她。她想不明白，为什么鱼眼就代表着宠爱呢。但是明不明白无所谓，反正以后只要是吃鱼，男友必定会把鱼眼给她，再慢慢地看着她把它吃完。慢慢地，她习惯了，习惯了每次吃鱼之前等着男友把鱼眼夹给她。

那时，男友已在市区买下一所房子打算结婚。而她却哭着告诉

他，她不能在这个小城市过一生，她要的生活不是如此。余下的话她没有说——因为她年轻，她有才华，她不甘心在这个城市待一辈子，她要成功，要做女强人，要实现少年时的梦。男友送她时，她连头都没回一下，走得很决绝。

在外拼搏了许多年，她的梦想终于实现，拥有一家像模像样的公司，可爱情始终以一种寂寞的姿态存在，她发现自己根本就不会再爱上谁了。

这么多年在外，每有宴会必有鱼，可再也没有人把鱼眼夹给她。她常常在散席离开时回头看一眼满桌的狼藉，与鱼眼对视。

后来一次特别的机会，她回到曾经生活过的城市。昔日的男友已为人夫，她应邀去那所原本属于她的房子里吃晚餐。

他的妻子做了一条鱼。他张罗着让她吃，夹起一大块鱼肉放在她的碟子里，鱼眼却给了他的妻子。这么多年，无论多苦多累，她都没掉过泪，但那一刻她却怎么也忍不住了。

选择就是这么简单，没有人给你重来一次的机会。爱情中的选择也是如此，我们错了，我们失去了，就很难再回头，因为没有人会在原处等你，所以无论你面对的是怎样的选择，请先考虑好这结果。

我们为选择而苦，可能是在拥有的时候不能体会其中的美好，可到失去的时候，又突然发现了它的弥足珍贵。既然如此，为了让自己的生活中少一些后悔与痛苦，我们就应该好好把握今天，抓紧一分一秒，不要把后悔留给明天！记得泰戈尔曾经说过："如果错过太阳时

第五章 锻造心态：优雅女人，都有一颗高贵的心

你流了泪，那么你也要错过群星了。"无论你愿意与否，但事实上我们的昨天已经成为一张作废的支票，明天是一张期票，而今天则是我们唯一拥有的现金——所以不要想那么多，即便选择错了，至少还有今天我们可以把握。

面对选择，谁也不能说自己绝不后悔，但我们应该要求自己具备一种选择之后不后悔的心态，这或许对于我们自己也是一种提醒，提醒我们在做每一次选择时都去深思熟虑，提醒我们很多事情真的不允许你再反悔、后悔。

其实如果生活中没有选择，我们完全可以听天由命，那么是好是坏、是对是错，我们的内心都没有挣扎。但这不现实，这样去想莫不说是在逃避，实不可取。所以当我们走到人生的十字路口时，我们必须谨慎对待，而选择的结果是对是错，其实更大程度上取决于我们的心态，我们的心态若是积极的，那无论如何都会有一个积极的结果；如果我们的心态太过消极，那无论是怎样的结果对于我们而言，就都是消极的。

你要知道，太阳每天都是新的

"After all , tomorrow is another day"，相信每一个读过美国作家玛格丽特·米切尔的《飘》的人，都会记得主人公思嘉丽在小说中多次说过的话。在面临生活困境与各种难题的时候，她都会用这句话来安慰和为自己开脱，"无论如何，明天又是新的一天"，并从中获取巨大的力量。

和小说中思嘉丽颠沛流离的命运一样，我们一生中也会遇到各种各样的困难和挫折。面对这些一时难以解决的问题，逃避和消沉是解决不了问题的，唯有以阳光的心态去迎接，才有可能最终解决。阳光的人每天都拥有一个全新的开始，积极向上，并能从生活中不断汲取前进的动力。

克瓦罗先生不幸离世了，克瓦罗太太觉得非常颓丧，而且生活瞬间陷入了困境。她写信给以前的老板布莱恩特先生，希望他能让自己回去做以前的老工作。她以前靠推销世界百科全书过活。两年前她丈夫生病的时候，她把汽车卖了，现如今，她勉强凑足钱，分期付款才买了一部旧车，又开始出去卖书。

第五章　锻造心态：优雅女人，都有一颗高贵的心

她原想，再回去做事或许可以帮她摆脱她的颓丧。可是要一个人驾车，一个人吃饭，几乎令她无法忍受。有些区域简直就做不出什么业绩来，虽然分期付款买车的数目不大，却很难付清。

第二年的春天，她在密苏里州的维沙里市，见那儿的学校都很穷，路很坏，很难找到客户。她一个人又孤独又沮丧，有一次甚至想要自杀。她觉得成功是不可能的，活着也没有什么希望。每天，早上她都很怕起床面对生活。她什么都怕，怕付不出分期付款的车钱，怕付不出房租，怕没有足够的东西吃，怕她的健康情形变坏而没有钱看医生。让她没有自杀的唯一理由是，她担心她的姐姐会因此而觉得很难过，而且她姐姐也没有足够的钱来支付自己的丧葬费用。

然而有一天，一篇文章，使她从消沉中振作起来，使她有勇气继续活下去。她永远感激那篇文章里那一句令人振奋的话："对一个聪明人来说，太阳每天都是新的。"她用打字机把这句话打下来，贴在她的车子前面的挡风玻璃上，这样，在她开车的时候，每一分钟都能看见这句话。她发现每次只活一天并不困难，她学会忘记过去，每天早上都对自己说："今天又是一个新的生命。"从此，她成功地克服了对孤寂和对需要的恐惧。她现在很快活，也还算成功，并对生命抱着热忱和爱。她现在知道，不论在生活上碰到什么事情，都不要害怕；她现在知道，不必怕未来；她现在知道，每次只要活一天——而"对一个聪明人来说，太阳每天都是新的"。

在日常生活中可能会碰到令人兴奋的事情，也同样会碰到令人消

极的、悲观的事情,这本来应属正常。如果我们的思维总是围着那些不如意的事情转动的话,也就相当于往下看,那么终究会摔下去的。因此,我们应尽量做到脑海想的、眼睛看的以及口中说的都应该是光明的、乐观的、积极的,相信每天的太阳都是新的,明天又是新的一天,发扬往上看的精神才能让我们的事业获得成功。

无论是快乐还是痛苦,过去的终归要过去,强行将自己困在回忆之中,只会让你备感痛苦!无论明天会怎样,未来终会到来,若想明天活得更好,你就必须以积极的心态去迎接它!你要知道——太阳每天都是新的!

第六章 优化性格：
品性如画，请不要信笔涂鸦

品性娴淑的女子自有一份博雅的胸怀，拥有这样的胸怀，她们总是能将自己的世界打理得井井有条；品性娴淑的女子富有生活情调，能够营造一种和谐美妙的人际氛围，于是她们的存在总是如众星捧月一般。而品性不好的女人，她们往往没有高尚的情操，缺乏浪漫的情调，于是乎，她们的生活也显得那般枯燥乏味。

给自己一张自信的面庞

自信所散发出来的美丽不会因外表的平凡而有丝毫的减少。这是由内心深处散发出的"强者"的光辉,拥有自信和坚强的女人,是人间另一道更吸引目光的美丽风景。

吴薇,一个纯情秀美、落落大方的女孩,普通得就像一个邻家小妹,然而她的微笑却让人感到她的美丽是来自于她的自信、她的聪慧和她的踏实平淡。

众所周知,2003 年,她在中国举办的"环球小姐"大赛上赢得了"环球中国小姐"的称号。"环球小姐"大赛被誉为全球现代时尚文化象征,是当今规模最大的世界级选美赛事,已成为与奥斯卡奖具有同等知名度的全球性文化活动,能得到这份殊荣实在是许多女孩子们梦寐以求的事。年仅 23 岁的福建女孩吴薇就是带着这一光环以首位官方认可的身份代表中国参加了在巴拿马举行的第 52 届世界环球小姐比赛,与来自 71 个国家的佳丽同台展示美,传播爱,令多少人羡慕不已。

当问到她夺冠最大的优势是什么,她笑着回答:"自信是对美丽

第六章 优化性格：品性如画，请不要信笔涂鸦

最好的表现。"她在赛前接受采访时就说："不管如何，我想我都会坦然地面对，我都会很高兴，我会笑到最后。"

她又说："其实我始终都认为自己是个平常人。环球小姐的就是为我这样的普通女孩准备的，每个自信的女孩子，都能站到这个舞台上来，我得了奖，是我刚好得到了一次机遇。"

吴薇本是银行的一名普通信贷员，根本谈不上有什么舞台经验、模特经验。然而就是她发自内心深处最自然、最朴实的自信，她的微笑与魅力最终打动了评委。

阻碍女性成功的，往往是存在于女性心理上的障碍，最重要的一点就是她们缺乏自信。那些浑身上下充满自信的女人，总能游刃有余地掌控自己的命运；相反，缺乏自信的女人却总是被命运捉弄。

自信源自肯定。生活中没有完美的人，我们只是在不断追求完美，所以，不要再为腰围、青春痘或是单眼皮而伤脑筋了，整体形象比任何局部都重要。经过这么多年的探索，应该相信自己已拥有协调的整体形象，我们要做的只是锦上添花。

自信是一种精神状态，它使人的内心饱满丰盈，外表光彩照人。正所谓水因怀珠而媚，山因蕴玉而辉，女人因自信而美。自信的女人从容大度，舒卷自如，双目中投射出安详坚定的光芒。对于那些事业有成的女科学家、女企业家、女作家以及在舞台银幕上耀眼的女明星们来说，自信使她们更美丽、更健康，也更加出色，而街市上那些青春勃发、魅力四射的少女们，则用她们骄人的自信为城市增添了一道道亮丽的风景。

宽容，决定婚姻的幸福水平

懂得宽容的女人是有智慧的女人，她们能够接受人性的不完美的事实，知道咄咄逼人只会两败俱伤，婚姻生活中的挫折也使她们重新打量自己的婚姻，并及时调整自我，使生活走入正轨，收获平静与幸福。

冬冬自认是个非常幸福的女人，有一个非常爱她的先生，有一个温暖的家。然而，在婚后的第 10 个年头里，她却不得不面对一个让她痛心的情况。

一天，冬冬下班后匆匆回家已经是晚上 11 点多了，门从里面扣住了。用力敲，没声音，再大声叫，丈夫好久才伸出了脑袋，一副刚睡醒的样子。

冬冬一声不吭地在屋子里转了一圈，突然，她猛地拉开了大衣橱，只见一个衣着凌乱的姑娘，惊慌失措地龟缩在那里。

"穿好衣服，到客厅来。"冬冬很平静地说。

丈夫跟着冬冬来到客厅，刚想开口，冬冬就截住他："你不用解释，有你说话的时候，请你先回避一下。"冬冬用犀利的目光看着站

第六章　优化性格：品性如画，请不要信笔涂鸦

在面前的姑娘："你把纽扣扣错了。"

姑娘低头看看自己的衣服，果然把第二颗纽扣扣到第三个扣眼儿里去了。她的脸更红了。

冬冬接着问："你叫什么名字？今年多大？"她好像在聊家常。

姑娘感到一股逼迫力，乖得像面对老师的提问一样做了回答。

"你知道你这样的行为是错的吗？当然了，这不能全怪你；但在你这样的年纪，要经得起诱惑啊！你要学会找到属于自己的爱，一个全心全意爱你的男人……"

半个小时的谈话都是在细声细气中进行的，这是一场心灵与心灵的交战，它没有白热化的场面，然而却有令人为之撼动的力量。

"大姐，我错了，我以后一定听你的。"此时，姑娘已热泪盈眶了。

冬冬把姑娘送出了门，还为她理了理凌乱的头发。

事后，冬冬原谅了丈夫：她不是妥协，而是经过一番理智的衡量后的决定，冬冬认为，自己还爱丈夫，丈夫也还爱她，他们的婚姻还没有到非分手不可的地步。

女人学会宽容是需要时间和代价的。一般说来，年轻时多任性计较，但在婚姻中一路走下来，慢慢地就会对人性多出一分思索与感悟，对世事的无常也拥有了达观的心态，此时婚姻中的不幸经历反而使她们能够力挽狂澜，使婚姻的小船不至于因为一时的风雨而迷失方向，"执子之手，与子偕老"，相信时过境迁，两个人的心一定会因女人的理解与宽容而贴得更紧。

女人的姿态应该是站立着的

女孩子大概都受了"小鸟依人"的蛊惑,总认为自己将来是需要依靠某个人才能生活的,尤其想"靠"的就是男人。你可以长得像只小鸟一样娇小可人,这没有什么不好,但是千万别长成一只"笼子里的金丝雀"。

雪儿未嫁人前是个小白领,日子过得逍遥自在、无拘无束,闲暇时与朋友泡泡吧、逛逛街,活得非常滋润。

结婚以后,雪儿遵照老公的吩咐,辞去工作,当起了全职太太。渐渐地,朋友疏远了,交际变少了,有时做完家务,雪儿一个人站在阳台上,望着不远处繁华的街道,心中竟会泛起一阵阵莫名的落寞。

后来,老公以"资金周转不灵"为由,削减了雪儿的生活费用,每个月只给她 4000 元的家用,当然,这其中还包括物业费、水电费、煤气费等一切家庭支出,甚至与老公一同外出就餐,都要她掏腰包买单。

我们可以想象一下,区区 4000 块,还要打理家中的一切。雪儿自己还能剩下什么?有时,她甚至因为钱不够用,弄得自己紧衣缩

第六章 优化性格：品性如画，请不要信笔涂鸦

食，连以前常常光顾的"必胜客"都不敢再去。但是，纵然如此，她亦不曾向老公张口。在她看来，自己没有能力养这个家，需要依附老公的"关爱"过日子，所以不能再给老公添麻烦，她甚至觉得再伸手向老公要钱，是一件非常丢脸的事情。

再后来，老公在外面有了别的女人。她不敢与老公争执，她怕失去这份赖以生存的"关爱"，于是她跑去找那个女人，央求她放过自己的老公，女人良心发现，应允了。可是没过多久，老公又摘到了新的"野花"。对此，她伤心透顶，但又无可奈何："如果他不要我，我该怎么活呢？"于是她选择了忍气吞声，但这样的日子要到何年何月才到头呢？

女人，若是彻底放下事业，专心为男人做保姆、生儿育女、打理家务，就会逐渐使自己的思维变得狭窄，继而完全丧失自我。更可气的是，对于我们这样的付出，很多时候男人并不领情。他们总是在用极端挑剔的目光审视着自己的老婆，他们简直希望自己的女人是完美的化身：貌若西子，贤如孟光，才比易安。倘若有一点不合他意，他便会思绪翻飞——瞧，那个女人多好。

倘若哪个女人只想着依附男人生活，那么她势必会输得很惨，活得毫无尊严，又遑论幸福美满？

当你在经济、感情和思想上完全独立的时候，你会发现你的世界原来非常广阔，并不只有他。

道理很简单：当你懒懒地依附于别人的时候，所得的空间远不如站立着的广阔；当你攀附在别人身上的时候，你所在乎的只有被攀附

的对象,这远不如自立者洒脱;当你耷拉着肩膀和脖颈听从别人的时候,远不如直立者富有生机和激情。

女人的姿态应该是站立着的。若你坚强地独自站立,你就获有脚下那片自由的土地。

可以做强者,但不要太强势

宋丹丹老师在她的自传《幸福深处》中强调了这样一个观点,可以说是给所有女性同胞的一点建议,她说——女人的幸福,就是不要让自己太强。简简单单的一句话,我们读来却可以感受其中的内涵有很多、很多……

其实或许很多女人已经感受到了这一点,生活中,我们看上去外表光鲜、事业令人艳羡,但内心之中是不是又藏着许多不为人知的苦恼?那些所谓的女强人,我们看她们作风硬朗、刚强果断,但或许她们的内心更加脆弱,因为她们同样需要男人的呵护与关坏,她们对于感情的期待甚至更甚于那些平凡女性,只是,她们的外表太强势,往往让男人们望而却步,这不能不说是一种无奈的隐痛。

其实无论如何,不管男人是不是也信仰强者之美,但在骨子里,

第六章 优化性格：品性如画，请不要信笔涂鸦

中国的男人都是希望女人有几分温柔的。他们既希望女人小鸟依人，又不想她们太黏着自己，既希望她们可以独当一面，又希望她们在人前人后给自己留下足够的面子和男性尊严。是的，男人是很贪心的，他们对女人的要求近乎苛刻，既要女人出得厅堂，又希望入得厨房，既要女人有三从四德，还要懂琴棋书画，既要女人长袖善舞，还要八面玲珑。然而，当女人真的满足了这些条件时，他们又会觉得女人个性太强，条件太过优越，他们又会因此而感到自卑。

而对于这些，很多女人尚未看清、看透，于是在现今社会愈加强调女人能顶半边天的同时，女人们更是高唱着"谁说女子不如男"，凡事都要拿出一股子强势的姿态，即便是在面对自己的男人时亦是如此。这就未免有些过头了。其实作为女人，无论如何我们都应该记得，我们再怎么优秀，也还是一个女人，而不是无所不能的超人，假如你在所有人、包括自己的男人面前都摆出一副"威风八面"的样子，那么别人就会害怕走进你的世界，你的男人会觉得他在你的生命中已经没有了立足之地，那么你们的感情也便岌岌可危了。记得有人曾说过这样一句话——"中国女人不缺少母性，却缺少妻性"，貌似这是一个不争的事实，很多中国女人的确太强势了。

这里所谓的"强势女人"并不等于女强人，这里所说的"强势"，主要是指性格而并非事业。其实很多女强人你别看她在外面是"铁娘子"，可一旦回到了家中，立马就变成了"小娘子"，所以她们的婚姻大多也是很幸福的。可很多女人并不是这样，有些女人事业未必做得有多大，但那股子气势却很大，尤其喜欢在家里说一不二，活脱脱的

女王范儿，这就是我们这里所说的"强势"。

这样的女人，只能让人不敢逼视，始终被人保持距离地敬畏着，难道这样活着也舒坦？记得前两年电影《金刚》上演时，不少女人都在为那个大猩猩金刚落泪，或许女人们的心中都期冀着有一个金刚一样的男人呵护自己，但你有没有听说过有哪个男人希望自己的枕边躺着的是一个金刚一样的女人！

霸气可以有，霸道不可取

无论我们谈论女性的解放，强调女性的发展，还是倡导两性的和谐，其最终目的不外乎一点——让我们女人过上幸福的日子。当然，这里所说的幸福与物质并没有太大关系，并不是说你嫁个有钱、有权、有车、有房的老公，那就是幸福了。从幸福的本质上说，这些与幸福无关，幸福本质上应该是充盈在内心的一种淡定，一种看似什么都没有，但却什么都不缺少的从容。

毫无疑问，每个女人都想得到幸福，我们每个人可能都曾苦苦追求过幸福，我们甚至也都曾为幸福忐忑不安——出嫁前，我们害怕嫁错郎，从此便真的与幸福无缘；结婚后，我们怕自己不插手，丈夫打

第六章　优化性格：品性如画，请不要信笔涂鸦

理不好家里的一切，于是从指指点点到大包大揽，我们什么都管，而且我们的自我感觉一直良好，自以为是自己撑起了这一片天，自认为能够掌管家中一切的就是幸福的。但事实真的是这样吗？

我们来看看朋友小夏的经验之谈：

"那些日子里，我总是数落丈夫洗的衣服不干净，买回来的菜既贵又不新鲜，给我买生日礼物是浪费钱，给孩子检查作业一点也不认真等。在我的数落中，家里的脏衣服堆成了山，丈夫却装作看不见。冰箱空空如也，他下班后仍然悠悠闲闲地空手回来，并且还振振有词："我干的活你都看不上，你就自己干吧。"从此，我生日那天再也没有礼物，劳累了一天，晚上还得检查孩子的作业。

"虽然大权独揽，我却没有感觉到幸福，并且越来越发现，这种幸福其实是个沉重的负担，我已无力背负它前行，却又无法将它放下。于是，无休止的争吵开始了……

"夫妻之间的争吵是一把无情的刀，总是将双方刺得伤痕累累。有些婚姻被这把刀割裂了，有些婚姻在破裂的边缘徘徊。

"所幸的是，我遇到了一位朋友，他一眼就看出了我的问题所在，他提醒我要做一个正常的女人。难道我不正常吗？我很疑惑。他说：'正常的女人把自己该做的那一份做好就行了，不会把手伸那么长，你把丈夫该做的事都做完了，还要丈夫干什么？'我惊愕！这么多年来，我一直在侵犯丈夫的主权，自己却浑然不觉。

"听完朋友的话后，我慢慢从家里霸主的位子上退了下来，在做好自己分内事的同时，放手让丈夫去做他该做的事。

"我不再那么累了,丈夫也越来越快乐了。以前家里三天一小吵、五天一大吵的情况基本绝迹。每天下班回家后,我们的脸上都有笑容,我们的心中都有甜蜜,偶尔出现的问题也会在彼此的商量中很快解决。

前不久,从没夸过我的丈夫竟然对我说:'我看你现在才活明白。'

"从我自己身上,我发现了一个真理:女人自己好过了,才能让丈夫好过,妻子和丈夫都好过了,一个家的日子才好过。所以,女人一定得让自己好过。

"那么,女人怎样才能让自己好过呢?我认为,女人要想让自己好过,就得与霸道永远告别,与霸气结伴而行。"

听了小夏的故事,相信大家已然有所感悟。不过有的朋友或许要问——难道霸气和霸道不是一回事吗?其实霸道与霸气这两种个性,字面上虽然只有一字之差,本质上却有着天壤之别。霸道的女人是这样的:她们唯我独尊,制造纷乱,让人恐惧,也让人生厌;霸气的女人则不同,那是一种凛然不可侵犯的气质。

细说之,霸道应该是内心虚弱的一种表现,说白了就是外强中干,因为内心有着极度的不自信,所以虚张声势地掩盖自己的恐惧,妄图通过这种方式牢牢控制自己想要得到的东西,因而可以说,这是不强大却装出的强大,是不高贵却装出的高贵。

而霸气,是一种气质,是骨子里透出来的高贵,是不怒自威的气势,是神圣不可侵犯的尊严。这样的女人,永远不会成为别人手中的玩物,不会低三下四地看人脸色行事,更不会以掌控他人为乐,她们

第六章 优化性格：品性如画，请不要信笔涂鸦

根本不需要通过打压别人来证明自己的价值。

霸气的女人都懂得，这个世界缺了谁都会照样精彩，这个地球没了谁也不会停止转动。所以不管她们的事业多么成功，不管她们把事务处理得多么井井有条、妥妥帖帖，都不会过高地估量自己。所以不管经历过什么，她们总是怀着一颗谦卑的心，她们知道这个世界不支持女人唯我独尊的思想，她们更知道，如果一味地相信自己的强大，那么总有一天会在自我陶醉中体味到跌落谷底的痛苦。

别吃不到葡萄就说葡萄酸

这世界上只有两种女人，一种是吃得到葡萄的女人，一种是吃不到葡萄的女人。能够吃到葡萄的女人，又分两种情况：一种是确实吃到了甜葡萄，一种是其实吃的是酸葡萄。那么吃到甜葡萄的女人，自然会大肆宣扬葡萄有多甜，有多好吃，她满心得意；吃到酸葡萄的女人呢？她们也不会承认葡萄是酸的，尽管葡萄可能把她的牙都酸掉下来了，但她们依然会说："这葡萄真甜，真甜"，这是关乎面子的问题，大多数女人都会这样。

吃不到葡萄的女人也有两种情况。一种女人吃不到葡萄掉头就走

开，很洒脱，很淡定，想得开，不会小心眼，比较切合实际，活得比较轻松自在；另一种女人吃不到葡萄，就非说葡萄是酸的，这种心理其实可以理解，有人有能力吃到甜葡萄，心理满足，那么总有些人尝不到葡萄，既然如此，她们就要为自己找一些心理平衡的借口，最好的借口就是——葡萄是酸的，别人吃的葡萄都是酸的，这样她的心理多少会找到些平衡。

　　生活中，我们时常会出现这种酸性心理，当我们得不到一样东西时，我们往往会刻意去丑化他，譬如高考时我们若没能考上心目中的理想大学，我们或许就会在心里说：没考上也好，那里竞争激烈；又比如我们晋升失败，我们必然会有些苦闷与失落，但转念一想：不在其位不谋其政，不当官反而更自在，于是心里忽然就敞亮多了。是的，我们时常会这样，当我们内心的渴望无法得到满足而产生挫败感时，为了最大化地消除自己的不安，我们往往会编造一些"理由"来自我安慰，使自己从负面情绪中解脱出来，避免受到伤害。很显然，这是一种心理防卫功能，从某种意义上说，它能够帮助我们更好地适应生活、适应社会，但是，假如我们一味地沉溺其中，自己得不到的就认为那不好，那么它将给我们的人际交往造成很大的损害。

　　张果就是这样，在公司里，如果有人在哪一方面表现得比自己出众的话，她就会说一些酸溜溜的风凉话，让大家心里不舒服，所以办公室里的同事都很不喜欢她。有一次，一位同事穿了一件非常漂亮的裙子，大家都在那儿夸同事的裙子漂亮，谁知张果却又说道："我们是来上班的，又不是来选美的，穿那么漂亮的衣服有什么用呢。"另

第六章 优化性格：品性如画，请不要信笔涂鸦

外，假如上司表扬了其他同事而没有表扬她，她就会说："表扬几句，说几句好话顶什么用，有本事让老板多给你发一点工资，我根本就不稀罕别人的表扬。"如果有同事加班，她就会说："看他假积极的样子，好像他多喜欢工作一样，还不是为了升职。"她总是这样，在别人表现出众时，说一些酸溜溜的话，慢慢地同事都疏远她了。

张果的行为就是典型的严重性酸葡萄心理的表现，她受不了别人比自己好，这种心理甚至会进一步演变为忌妒，从而严重影响日常的人际交往。

具有这种严重性酸葡萄心理的人根本就不会真诚地赞美别人，他们甚至并不清楚人际关系在人生发展过程中的重要性。其实，如果我们能够与人和睦相处，真诚以待，那么我们就会拥有一个和谐美好的工作和生活环境，在这样的环境中生存，我们会忘记人生的不快和疲惫，会一直保持心情的愉悦。所以说，我们必须对酸葡萄心理有一个正确的认知，当别人胜过自己时，我们也应该给予真诚的理解与祝福。再者，当我们自己很优秀时，收敛一点，不要在别人面前过分招摇，以免刺激别人，引起不必要的麻烦。

总而言之，酸葡萄心理并不是一件坏事，关键看你怎样去利用，你可以用它让自己释怀，但绝不要让它成为人际关系的"绊脚石"。

为名利攀比，是害苦了自己

名，是一种荣誉、一种地位。不仅男人热衷名利，不少女人为了一时的虚名所带来的好处，也会忘我地去追求名利。结果她们得到了名利，却失去了快乐的心境。

沉溺于名会让你找不到充实感，让你备感生活的空虚与落寞。尤为可怕的是，虚名在凡人看来往往闪耀着耀眼的光芒，引诱你去追逐它。尽管虚名本身并无任何价值可言，也没有任何意义，但是，总有那么一些人为了虚名而展开搏杀。真正领悟到生命的意义、人生的真谛的人都不会看重虚名。

几年前，马思尼自己创业当老板，年收入超过 50 万美元。不料，就在公司的业绩如日中天的时候，他突然决定把公司交给太太经营，自己则转到一家大企业上班，月薪也骤减为 6000 美元。周围的人都无法理解，便问他："你到底在想什么？"

马思尼透露，当时他的想法很简单：对方应允他可以拥有一间单独的办公室，旁边摆着一台音响，每天愉快地听着音乐工作，而这正是他一直最想过的日子。

马思尼并不想做大人物，所以，他也从不认为男人就一定要当老

第六章 优化性格：品性如画，请不要信笔涂鸦

板，有些事其实可以让给女人做。不过，他观察到大多数的男人好像都非得当个什么头儿，觉得有个头衔才有面子。

以前，他也有过同样的想法，到后来则发现这其实是"自己给自己套的枷锁"。于是，他渐渐学会"欣赏"别人的成就，而不是处处跟别人比。"我跟别人比快乐！"他说，也许别人比他有钱，做的官比他大，但是，却比他活得辛苦，甚至还要赔上自己的健康和家庭。

马思尼说，他这辈子最想做的是当一名"义工"，虽然没有名片，也没有头衔，但却是一个非常快乐的人，"我希望能在50岁之前，完成这个心愿"。

曾有一个笑话将"开同学会"比喻为"比赛大会"，看看谁嫁得好，谁赚的钞票比谁多。"嗯！她这几年混得不错，现在已经爬到总经理的位置了！""那女人更风光，有自己的别墅，老公开的还是八缸名车！"看到别人比自己混得好，就浑身不自在，顿时觉得矮了一截。

有一位女士，早年费尽心力，终于拿到博士学位，并且在一所著名的大学里任教，在学术界享有盛名。提起自己的成就，她最得意的是：很多同学都很羡慕我！

当提及她的生活时，她的表情开始转为凝重。她承认自己几乎没有家庭生活："我一天只睡5个小时，绝大多数的时间都用来做研究。我的先生常和我争吵，唯一的女儿也跟我很疏远，我从来没有跟他们出去度过一天假，所有的时间都给了工作。"

一个女人非得要把自己弄得那么累吗？她重重地叹了一口气："唉！你不知道，干我们这一行，不进则退，后面马上就有人追上来

了!"那么,她感觉快乐吗?她愣了许久,最后终于说出真话:"老实说,我一点都不快乐,我恨死了我现在的工作!我只想好好坐下来,什么事都不做。可是,我简直不敢回头想。以前,我的愿望只是想当一名高中老师。"

这是一个真实的例子。"名利"这个词,早已吞噬了这位女士的心灵,对她只有伤害,毫无益处。无止境的竞逐成就,只会把女人弄得愈来愈累。很多女人的生活因此而失去了平衡,她们不知道何时该停下来休息。

如果你的心里还在为领导这次提拔了别人而没有提拔你感到愤愤不平,如果你还在因为与你一起购买体育彩票的邻居中了大奖而你却什么也没有得到而久久不能释怀,看了上面的几个例子,你是不是觉得有所悟?其实,名利本来就是那么一回事。只要我们全身心地投入生活,即使没有了名利,我们也照样会生活得有滋有味、快快乐乐。

你最好能够抵制欲望的诱惑

欲望往往会蒙蔽人的心智,让我们失去理智,做出不可理喻的事情,也让我们心灵无法平静,无法享受到生活的幸福。

幸福到底是什么?许多人都在问,其实得到幸福很简单。听一听

第六章 优化性格：品性如画，请不要信笔涂鸦

自己内心的声音，扔掉那些对自己来说十分奢侈的梦想和追求，你就会被幸福包围了。

面对难填的欲壑，我们应尽量享受已有的。这样，生活就会是真实的，富有质感的，一年三百六十日，每天太阳都是常新的。

成龙拍完《我是谁》这部大片之后，在一次采访中说，他拍电影的场地从非洲到繁华的都市，有着很深的感触。他说："在非洲，人们很容易满足，有面包能吃饱肚子，那就是幸福的一天。可是，繁华都市里的人，不用担心三餐，却有着很多的烦恼，他们总是在追求自己所不需要的东西。"

有一个从事房地产的女人，经过几年的打拼，在本地已小有名气了。她每天的生活就像上足劲的发条一样，被传真、资料、甲方以及各种方案充塞得满满的。

一天，她加班到很晚。从公司出来后，走了很远的路也没有叫到车。走得热了，她停下来，仰头出了口气。这时，她吃惊地看见星星在丝绒般的夜幕中闪烁着，洋溢着一种无言的美丽。一如她大学毕业前的最后一晚，几个要好的同学躺在学校图书馆前的草坪上看到的那样。那一晚，她们深深被血脉中贲张的青春激动着，广袤的星空与未来的前途一片光明。

从那以后，她几乎再也没有时间去注视过夜晚的星空了。因为从她走入社会，她一直保持着弯腰向前奔跑的姿势，她太忙了，欲望总在膨胀，目标总在前方，于是她不停地向前奔跑着……

每个夜晚的这个时刻，她多半在应酬或是在作楼盘计划和方案，

她从没有想过哪怕透过一扇小窗,去望望宁静的夜空,倾听心灵一些细小的天籁之音。

今天,当自己站在这静谧的星空下,她突然想起以前在大学看过一位日本餐饮业巨头总结的成功之道:在其连锁店中能提供给顾客的,永远是 17 厘米厚的汉堡与 4℃的可乐。这是令客人感觉最佳的口感。当然,你也可以选择把汉堡做成 20 厘米厚,把可乐加热到 10℃,但它们并不意味着最佳口感。

对于幸福,其实也只要 17 厘米和 4℃就够了。幸福,它是人生路上的点滴日常生活,就如深夜静谧而美丽的星空所带给人的震撼,而非那个令人疲惫的终极雪球。

欲望的永不满足不停地诱惑着人们追求物欲,然而过度地追逐利益往往会使人迷失生活的方向,因此,要知道欲望是无止境的,我们要珍惜眼前的幸福,这样才能把握好自己的幸福人生方向。

别让你的眼泪泛滥成灾

人们常说:"女人是感性的,男人是理性的。"这句话虽然有些绝对,但也不是没有道理。在大多数场合下,大多数的女人在处理事情

第六章 优化性格：品性如画，请不要信笔涂鸦

时，总是感性多于理性。但在现代职场中，如果我们经常发脾气、掉眼泪，那么不仅会让周围的人无所适从，而且还会对自身造成不可避免的损失，更会被归结为心理承受力差和性格软弱，认为你经不起大风大浪的侵袭，难以担当重大责任，最终对事业造成极大的影响。

小云是一家大型企业的高级职员，她的能力和才华在公司里是有目共睹的，无论是工作能力，还是文字水平，均是堪称一流的人才，这一点连她的上司也是给予充分肯定的。小云的性格热情大方、率真自然，颇受同事们的欢迎，深得上司的喜爱。但就是这率真和不加掩饰的性格，在某些时候竟然也成了她事业发展中的致命伤！

最近一段时间，上司对一位无论是资历还是能力和业绩都不如小云的女同事特别关照，但也没见她干出什么出色的业绩。她做事总是磨磨蹭蹭的，却总是好事不断，什么升职、加薪等好事都有她，一年之内竟然被"破格"提拔了两次，让人很是羡慕。

小云心里越想越难受，为什么自己工作干了一大堆，也创造了十分亮眼的业绩，却不被提拔呢？她怎么也想不明白，真是又气又急又窝火。为此，小云的工作情绪一度受到影响，陷入低落状态。

这时，一个平常和她关系不错的同事，见到小云这副沮丧的样子，便告诉了小云她的看法，她认为小云之所以会出现目前的状况，虽然原因是多方面的，但最主要的一条，就是小云犯了职场中的大忌——太情绪化了！

听了同事的劝告，小云有些醒悟。其实，小云也想让自己"老练"和"成熟"起来，然而，一碰到让人恼火的事情，她就是控制不住自

己的情绪，尽管事后觉得自己有失理智，但当时就是不能冷静下来。

久而久之，小云在公司里备受冷落，同事们也不敢轻易跟她说话了，小云的事业陷入了困境之中。

类似小云这种情绪化的反应，可以说是职业女性最容易出现的一大弱点。据调查，有80%的人认为，性别已经不再是制约女性晋升和发展的瓶颈，而性别给她们自身带来的性格上的弱点——情绪化，现已成为她们职业发展的最大障碍。

女人，不要轻易地宣泄自己的脾气，因为你不能让自己一时的冲动毁掉了自己长远的发展计划。我们要学着擦干眼泪，因为明天的明天也许会经历更多的艰难。我们要学会坚强，学会勇敢，要学会微笑着去应对未来所发生的一切，不管它是值得庆幸的，还是让人困惑的。我们要相信，当我们的步调越来越从容，越来越冷静，一切困难都会是被克服，一切的一切都会过去。

爱笑的女人更受欢迎

你可能早就发现了，心情不好时，看部喜剧电影大笑一场，沮丧的心情就会平复许多，我国民间有句俗语："笑一笑，十年少。"一个

第六章　优化性格：品性如画，请不要信笔涂鸦

女人如果能笑口常开，那么她将变得更健康、更美丽。

用你的微笑去面对每一个你接触到的人，那么，你会很容易地成为一个有品位的女人。

笑，它不花费什么，但却创造了许多奇迹。

有人做了一个有趣的实验，以证明微笑的魅力。

两个模特儿分别戴上一模一样的面具，上面没有任何表情，然后问观众最喜欢哪一个。答案几乎一样：一个也不喜欢。因为那两个面具都没有表情，他们无从选择。

接着，两个人把面具拿开，出现了两张不同的脸。其中一个人把手盘在胸前，愁眉不展并且一句话也不说，另一个人则面带微笑。

再问观众："现在，你们对哪一个人最有兴趣？"答案也是一样：他们选择了那个面带微笑的人。

这充分说明了微笑受欢迎，微笑能拉近与人的距离。有了微笑，办事就有了良好的开头。

微笑永远不会让人失望，它只会让人受欢迎。

不会微笑的人在办事时将处处感到艰难，这就是现实生活的真实写照。

微笑能解决问题，这是一个真理，任何办事有经验的人都会明白这一点。

用微笑把自己推销出去，无疑是人生成功的法宝。

联合航空公司宣称，他们的天空是一个友善的天空，微笑的天空。的确如此，他们的微笑不仅仅在天上，在地面便已开始了。

　　有一位叫珍妮的小姐去参加联合航空公司的招聘，她没有关系，也没有熟人，也没有先去打点，完全是凭着自己的本领去争取。她被聘用了，你知道原因是什么吗？那就是因为她脸上总带着微笑。

　　令珍妮惊讶的是，面试的时候，主考官在讲话时总是故意把身体转过去背着她。你不要误会这位主考官不懂礼貌，而是他在体会珍妮的微笑，感觉珍妮的微笑，因为珍妮应征的岗位是通过电话工作的，是有关预约、取消、更换或确定飞机班次的事务。

　　那位主考官微笑着对珍妮说："小姐，你被录取了，你最大的资本是你脸上的微笑，你要在将来的工作中充分运用它，让每一位顾客都能从电话中感受到你的微笑。"

　　其实归根结底，能不能微笑地面对一切，仍旧是个态度问题。只要你能从内心深处端正自己的态度，养成乐观豁达的性格，你脸上的笑容自然不请自来。有了这样的笑容，说起话来，自然就会产生令人难以拒绝的魅力。

　　微笑是一种修养，并且是一种很重要的修养，微笑的实质是亲切、是鼓励、是温馨。真正懂得微笑的人，总是容易获得比别人更多的机会，总是容易取得成功。

第七章 精修习惯：
好的习性，是带着香味的灵魂

要让优雅成为一种习惯，就要保持健康积极的生活态度，用积极的态度去提升自己的生命质量，用优雅的行为让自己的魅力得到延伸，呈现出女人特有的精神面貌。做到心态平和、肯定自我、内强素质、外化形象，保持每个年龄段最雅致的状态。女人，记住带上你的优雅。

抱怨是往自己的鞋子里倒水

抱怨可以说是女人的一个通病。年幼时，我们抱怨自己的玩具没有其他小朋友多；上了学，我们又抱怨老师偏向谁；再大一点，我们开始抱怨衣服没有人家的漂亮；然后呢？抱怨自己的男友不如别人的帅，抱怨自己的老公不如别人出息，抱怨工作不尽人意，抱怨领导不公平……

我们应该明白，这世间从来没有绝对公平的事情，儿时我们抱怨是因为不懂事，现在我们抱怨或许是出于本能，但至少有一点我们需要注意——抱怨总要分个场合地点。倘若不管何时何地，无休止地抱怨个没完，那么很有可能毁掉你辛苦树立起来的形象，甚至会令你之前所做的努力全部毁于一旦。

小琪是一家公司的行政助理，同事们都把她当成公司的"管家"，事无巨细，都来找她帮忙。这样一来，小琪每天事务繁杂，忙得团团转，牢骚和抱怨也就成了家常便饭。

这天一大早，又听她抱怨："烦死了，烦死了！"一位同事皱皱眉头，不高兴地嘀咕着："本来心情好好的，被你一吵也烦了。"

第七章 精修习惯：好的习性，是带着香味的灵魂

其实，小琪性格开朗，工作认真负责，虽说牢骚满腹，该做的事情，则一点也不含糊。设备维护、办公用品购买、交纳通讯费、买机票、订客房……小琪整天忙得晕头转向，恨不得长出八只手来。再加上为人热情，中午懒得下楼吃饭的人还请她帮忙叫外卖。

刚交完电话费，财务部的小李来领胶水，小琪不高兴地说："昨天不是刚来过吗？怎么就你事情多，今儿这个、明儿那个的？"抽屉开得噼里啪啦，翻出一个胶棒，往桌子上一扔："以后东西一起领！"小李有些尴尬，又不好说什么，忙赔笑脸："你看你，每次找人家报销都叫亲爱的，一有点事求你，脸马上就长了。"

大家正笑着呢，销售部的王娜风风火火地冲进来，原来复印机卡纸了。小琪脸上立刻晴转多云，不耐烦地挥挥手："知道了，烦死了！和你说一百遍了，先填保修单。"单子一甩，"填一下，我去看看。"边往外走边嘟囔："综合部的人都死光了，什么事情都找我！"对桌的小张气坏了："这叫什么话啊？我招你惹你了？"

态度虽然不好，可整个公司的正常运转真是离不开小琪。虽然有时候被她抢白得下不来台，也没有人说什么。怎么说呢？应该做的，她不是都尽心尽力做好了吗？可是，那些"讨厌"、"烦死了"、"不是说过了吗"……实在是让人不舒服。特别是同一办公室的人，小琪一叫，他们头都大了。"拜托，你不知道什么叫情绪污染吗？"这是大家的一致反应。

年末时，公司民意选举先进工作者，大家虽然都觉得这种活动老套可笑，暗地里却都希望自己能够榜上有名。奖金倒是小事，谁不希

望自己的工作得到肯定呢？领导们认为，先进非小琪莫属，可一看投票结果，50多张选票，小琪只得12张。

有人私下说："小琪是不错，就是嘴巴太厉害了。"

小琪很委屈："我累死累活的，却没有人体谅……"

什么叫费力不讨好？像小琪这样，工作都替别人做到家了，却为逞一时之快，牢骚满腹，结果前功尽弃。当今社会，竞争愈演愈烈，我们不可能一直在竞争中处于绝对优势，更不可能捧得一份铁饭碗，"存在"固然未必"合理"，但抱怨只能令我们碌碌无为。将不满藏在心中，矫正心态，积极地去应对那些令你怨气横生的人和事，这才是聪明女人该做的事。

好形象与借口永远不会在一起

为失败寻找借口的人一般都不承认自己的能力有问题。固然有很多的失败是因为客观原因无法避免的，但大部分的失败都是由主观原因造成的。

某公司的一名女职员在得知自己即将下岗的时候，怒气冲冲地来到老板办公室，抱怨老板从来都没给过自己表现的机会。

第七章　精修习惯：好的习性，是带着香味的灵魂

"那你为何自己不去争取呢？"老板问道。

"我曾争取到一些机会，但是，那些所谓的'机会'根本不能让我充分发挥自身的才能。"她依然振振有词。

"能否告诉我具体情况呢？"

"前一段时间，公司派我去外地营业部，我感觉像我这样的年纪到外地工作真是大材小用。"

"为什么你会认为这不是一次很好的机会呢？"

"难道你没有看出来吗？公司本部有那么多的职位，却让我去那么远的地方。我是一名女职员，而公司竟要我去有着那样恶劣的环境的地方！"

实际上，这位女职员是在为自己不愿远行找一个借口罢了。

不要抱怨外在的条件。当我们抱怨时，其实就是在为自己找借口。而找借口的唯一好处就是能够安慰自己：我做不到是有原因的。但这种安慰是致命的，它暗示着自己：我克服不了这个客观条件造成的困难。在这种心理暗示的引导下，你就不再去思考克服困难、完成任务的方法，哪怕是仅仅改变一下角度就可以轻易达到目的。

不寻找借口，就是永不放弃；不寻找借口，就是锐意进取……要成功，就要保持一颗积极的、绝不轻易放弃的心，尽量发掘出周围人或事物最好的一面，从中寻求正面的看法，让自己有向前走的力量。即使最终还是失败了，也能汲取一些教训，把失败视为向目标前进的踏脚石，而不要让借口成为我们成功路上的绊脚石。

因此，千万不要找借口，把寻找借口的时间和精力用到努力工作

中来,因为工作没有借口,人生没有借口,失败也没有借口,成功属于那些不寻找借口的人。

　　失败了,不要把太多的时间花费在寻找借口上,再多的借口对事情的改变又有什么用呢?还不如仔细考虑一下,下一步究竟该如何去做。反之,当你面对失败,假如将下一步的工作做好了,转败为胜并非很难,这样一来,借口也就没有意义了。

花钱虽好,但不要浪费哦

　　女人闲时,约上几个要好的朋友,去超市,去时装店,看见美丽的衣服,就渴望自己也拥有,遇到促销打折的活动,迫不及待地抢购,或者在情绪低落的时候,一些女人也会选择购物,买一大堆有用或无用的东西,直到精疲力竭。事后才发现,买回来的很多东西,根本用不上,还白白浪费了大量的时间与金钱。

　　如果你一个月消遣时间的 1/2 是在商场徜徉,如果你多次为自己买的东西而后悔,如果你认为购物是慰劳自己的最好方法,如果你经常在不需要某种商品时也非要购买它,如果你买不到想要的某种商品就难以忍受,如果你有多次薪水入不敷出的情况,如果你经常发现自

第七章 精修习惯：好的习性，是带着香味的灵魂

己购买的东西被你置之不理……

如果真是这样的话，你基本上已经成了购物狂。你将很不幸地为此付出大量的金钱以及自己的沮丧情绪，你将很不幸地成为购物的奴隶。

女人天生爱购物，是主要的消费对象。有些女人虽然经常购物，却经常发现买回来的好多是无用的或者是可买可不买的东西。

她们一个星期至少要跑超级市场两到三次，有的人还要更多。持续不停地花掉更多的时间、金钱和精力去买那些远超过她所需要的东西，而她最后也丢弃了很多的东西，原因是她常在行动之中，买下很多她不需要的东西。

另外，因为没把金钱安排好，所以，她们的经济很拮据，虽然收入颇丰，却往往没有多少积蓄。

其实，发现自己有这种盲目购物的倾向时，不用着急，你可以做的是：

在商店里闲逛时，不要无目的地购买，要在走出家门的时候，压抑购买欲，把所需的东西列好之后，到商店迅速找到目标购买。

如果说，广告是女人的购物导向，这一点都不过分，因为女士从买化妆品到用品都爱跟着广告走，如果说起大众化心理的话，女人不知要比男人胜几倍，要改变这个习惯也很容易，先要改变你的购物习惯。

对许多人来说，购物根本是个没什么大不了的事儿。不过，要改变一个行为，最好的方法还是要用另一个行为来代替。打个比方，去

散步、找朋友聚会、去图书馆或冲个冷水澡，任何可以阻止你冲动购买的行为，都可以是有效的方法。或许，刚开始时你会有一种被剥夺了逛街乐趣的感觉，最后，当你不再被自己强迫着要去逛街、购物，你一定会有一种无法形容的解脱感。

让朋友来帮助你。如果有些东西，是你真正觉得必须要买的，找一个了解你购物习惯的朋友和你一起去，最好这个朋友可以体谅你的购买欲，而且可以帮助你改变购买习惯。当你们逛街时，让你的朋友随时警戒你的购买行为，提醒你只能买你真正需要的东西。不过，要确定的一点是：你要挑对朋友。互相注意彼此的购买行为，避免买到一些不需要的东西。

练习用一种挑剔的眼光来看待任何广告。这是对购物狂的最好训练，一旦这种训练在生活中渐渐淡去时，你必须重新开始，让自己跟广告保持敌意。否则，你又中了广告商的计策了。

除了购物，你可以做的事情还有很多。你可以重拾那被遗忘在角落里的书，一篇散文，或一部经典的小说，再次领略白纸黑字的魅力。你可以约几个朋友，喝一杯随意的下午茶，聊聊工作，想想往事，为往事干杯，为明天祝福。

在心情不好的时候，你可以买一张火车票，到附近的农庄去散散心，远一点的，你可以去爬爬山，既锻炼身体，又可以发泄郁闷，还可以扩大自己的视野，何乐而不为？将购物时间削减一半，你真的还有许多更好的事情可以做，既不会浪费，还可以提高性情，这才是雅致女人该有的生活。

第七章 精修习惯：好的习性，是带着香味的灵魂

有些事，一不小心就毁了形象

女人是最亮丽的一道风景线，她们美丽、优雅、可亲，然而有一些女人一到了社交场合就会变成"霉女"，她们的种种举动让人叹为观止，继而敬而远之。这实在是一件令人惋惜的事，所以说，作为女人，一定要注意自己的风度与仪态，不要在社交场合上给人留下不好的印象。

让我们看看，哪些是各式社交场合上雅致女性不应有的举动：

1. 频频耳语

在众目睽睽下与同伴耳语是很不礼貌的事。耳语可被视为不信任在场人士所采取的防范措施，要是你在社交场合总是耳语，不但会引起别人的注视，而且会让人对你的教养表示怀疑。

2. 放声大笑

另一种令人觉得你没有教养的行为就是失声大笑。即使你听到什么闻所未闻的趣事，在社交活动中，也得保持仪态，最多报以一个灿烂笑容即止。

3. 口若悬河

在宴会中若有男士与你攀谈,你必须保持落落大方的态度,简单回答几句即可。切忌乱不迭地向人"报告"自己的身世,或向对方详加打探,要不然就会把人家吓跑,又或被视作长舌妇人了。

4. 说长道短

饶舌的女人肯定不是有风度教养的社交人物。就算你穿得珠光宝气,一身雍容华贵,若在社交场合说长道短、揭人私隐,必定会惹人反感。再者,这种场合的"听众"虽是陌生者居多,但所谓"坏事传千里",只怕你不礼貌不道德的形象从此传扬开去,别人自然对你"敬而远之"。此时用笑容可掬的亲切态度,去回应当时的环境、人物,并不是虚伪的表现。

5. 严肃木讷

在社交场合中滔滔不绝、说个不休固然不好,但面对陌生人就闭口不言也不可取。其实,面对初次相识的陌生人,你也可以由交谈几句无关紧要的话开始,待引起对方及自己谈话的兴趣时,便可自然地谈笑风生。若老坐着三缄其口,一脸肃穆的表情,跟欢愉的宴会气氛便格格不入了。

6. 当众化妆

在大庭广众下施脂粉、涂口红都是很不礼貌的事。要是你需要修补脸上的妆容,必须到洗手间或附近的化妆间去。

7. 忸怩羞怯

在社交场合中,假如发觉有人经常注视你——特别是男士,你也

第七章 精修习惯：好的习性，是带着香味的灵魂

要表现得从容镇静。如果对方是从前跟你有过一面之缘的人，你可以自然地跟他打个招呼，但不可过分热情，又或过分冷淡，免得有失风度。若对方跟你素未谋面，你也不要太过忸怩腼腆，又或怒视对方，有技巧地离开他的视线范围是最明智的做法。

那么，哪些良好的习惯能够令我们在社交场合大受欢迎呢？

1. 保持微笑

事实上，不单在服务业提倡礼貌、微笑服务，各行各业的工作人员对客户、业务伙伴或生活伴侣都要礼貌周全，保持可掬的笑容。的确，微笑总是给别人舒适的感觉的。而"笑"也正好是女人获取别人喜欢的重要法宝。

纵然你不是那类天生喜欢笑的女人，在生活工作中也不能过分吝惜笑容。尽管工作令你很疲劳，又或连续加班，忙得天昏地暗，见到别人也还是要展现可爱的笑容。

2. 教养与礼貌是你的"武器"

如何让陌生人也觉得你可爱？礼貌是不可或缺的要素。在这个生活紧张的社会里，日常看到女子失态的真实例子极多。如搭乘地铁、火车或巴士时，争先恐后地挤入车厢，还要跟别人争座位，更不堪的是，坐下后还要露出沾沾自喜的神色！又如在酒楼餐厅、公共场所，老是拿着电话听筒大声地打个不停，任有多少人侧目鄙夷，她也视若无睹！这是 种令人难以接受的失态，须知这类没有教养的行动，会叫别人在心里暗骂你自私无理。

女人是美丽优雅，气质上令人愉悦，令人乐于接近的，因此请注

意你在各种社交场合的表现,别做出与自身不相称的行为,而毁了自己的形象。

别太随意,男女交往要有底线

女性在社交中经常能遇到对自己有好感的男性,置之不理吧,两个人还有业务往来,关系不应该闹得太僵。如何把握合适的度才既不会伤害别人,也不会引起不必要的误会呢?

不少男士在和某个女性交往一段时间后就觉得"我们俩这么好,无话不说,我又时时刻刻关心爱护你,跟我谈恋爱应该是早晚的事",可是女性却不会这么想,她们总觉得一旦两个人做了那种把"窗户纸给捅破的事",今后就没有办法在工作或生活中再面对对方了,而且这种关系必定会伤及无辜。

应该说这种边缘的交往绝非医治心灵创伤的灵丹妙药、填补感情空虚的救命稻草、报答对方帮助的无价礼物。所以,男人切忌迈过这道门槛,女人则应该谨慎把握两性交往的分寸,不要给对方留下幻想的空间。因此,在社交活动中和男性交往要注意以下几个事项:

第七章 精修习惯：好的习性，是带着香味的灵魂

1. 不宜过分亲昵

过分亲昵不仅会使自己显得太轻佻、引起人们的反感，而且还容易造成不必要的误会。

2. 不宜过分冷淡

因为过分冷淡会伤害男方的自尊心，也会使人觉得你高傲无礼、冷若冰霜。

3. 不必过分拘谨

在和男性的交往中，要该说就说，该笑就笑，需要握手就握手，需要并肩就并肩，忸怩作态反而惹人生厌。

4. 不要饶舌

故意卖弄自己见多识广而滔滔不绝地讲个不停，或在争辩中强词夺理不服输，都是不讨人喜欢的；当然，也不要太沉默，总是缄口不语，或只是"噢"、"啊"，哪怕你此时面带微笑，也容易使人扫兴。

5. 不可太严肃

太严肃叫人不敢接近、望而生畏，但也不可太轻薄。幽默感是讨人喜欢的，而故意出洋相，就适得其反了。

男女交往一定要掌握好分寸，这全靠你自己去细心体会与把握了！

忍受,不应该成为你的习惯

　　一个男人在他的老婆面前就是一座山、一根顶梁柱,他有责任有义务去保护、爱护他的女人,这是一个最基本的要求。如果连这一点都做不到,甚至动手伤害自己的女人,那他就不配做一个男人。无论出于什么原因,在女人身上施加暴力的男人是最没出息的。所以,如果女人的生活中有这样的男人,千万不要保持沉默,对他抱有任何幻想,应尽早地脱离苦海。

　　但遗憾的是,在现实生活中,太多的女人出于种种原因,受了伤害却把眼泪悄悄地咽在肚子里。

　　据一项调查显示,面对家庭暴力,大多数人还是选择自我消化为主,"谁愿意把家丑扬到外面去"?

　　在某小区,中年女子素珍(化名)就是"家丑不可外扬"的典型。就其所住小区居委会主任称,素珍常被丈夫打得伤痕累累。可面对媒体的关注她却采取了掩饰回避的态度,"家丑不可外扬,我没有被打,你们不许乱说!"

　　据居委会主任介绍,素珍长期受丈夫打骂,居委会多次出面调解

第七章 精修习惯：好的习性，是带着香味的灵魂

都没有用。主任说："我们也是接到邻居举报才知道的。我当初去找素珍时，她不承认自己被丈夫打。后来有一天，我经过她们家楼下，隐隐约约听见女人的哭喊声，敲开门看见素珍趴在地上，她丈夫满嘴酒气，这样的事情不知道发生了多少次。"

真是让人难以理解，那些深陷苦海的女人怎么就不明白，保持沉默能解决什么问题？

当家庭暴力发生时，首先你可以拨打110报警。

公安机关在接到家庭暴力报警后，会迅速出警，及时制止、调解，防止矛盾激化，并做好第一现场笔录和调查取证；对有暴力倾向的家庭成员，会进行及时疏导，予以劝阻；对实施家庭暴力行为人，根据情节予以批评教育或者交有关部门依法处理。如果伤情严重，受害方可以到公安机关指定的卫生部门进行伤情鉴定，受害方还可以到法院起诉实施家庭暴力行为人。

面对家庭暴力，女人千万不要做沉默的羔羊，你的妥协只会更加助长男人的兽性，使问题日趋严重。

在两性平等的爱情中间，谁也不应该惧怕或奴役对方。千万不要相信他的悔恨、道歉和眼泪，如果他真心爱你，保护你还来不及，为什么要如此摧残心爱的人呢？更何况这种施虐者的治愈率极低，而且不思改过。如果你当断不断，就会永远徘徊在被他毁灭和他的允诺之间，永无宁日。

做个有主见的女人

现代女性的独立性决定了女人不能没有主见，没有主见就无法独立。我们要独立自主，而自主指的就是做个有主见的女人。

有些女人，遇事经常无主见、犹豫不决。比如每买一件东西，简直要跑遍城中所有出售那种货物的店铺，要从这个柜台跑到那个柜台，从这个店铺跑到那个店铺，要把买的东西放在柜台上，反复审视、比较，但仍然不知道到底要买哪一件。她自己不能决定究竟哪一件货物才能中意。如果要买一顶帽子，就要把店铺中所有的帽子都试戴一遍，并且要把售货小姐问烦为止，结果还是像下山的猴子，两手空空。

世间最可怜的，就是像这些挑选货物的女人这样遇事举棋不定、犹豫不决、彷徨徘徊、不知所措、没有主见、不能抉择、唯人言是的人。这种主意不定、自信不坚的人，很难具备独立性。

有些女人甚至不敢决定任何事情，因为她们不能确定结果究竟是好是坏、是吉是凶。她们害怕，今天这样决定，或许明天就会发现因为这个决定的错误而后悔莫及。对于自己完全没有自信，尤其在比较

第七章 精修习惯：好的习性，是带着香味的灵魂

重要的事件面前，她们更加不敢决断。有些人能力很强，但是因为这些毛病，她们终究没有独立，只能作为别人的附属。

有些女人敢于决断，即使有错误也不害怕。她们在事业上的行进总要比那些不敢冒险的人敏捷得多。站在河的此岸犹豫不决的人，永远不会到达彼岸。

如果当女性发现自己有优柔寡断的倾向时，应该立刻奋起改掉这种习惯，因为它足以让自己错过许多机会。每一件事应当在今天决定，不要留待明天，应该常常练习着去下果断而坚毅的决定，事情无论大小，都不应该犹豫。

遇事不坚定，对于一个人的品格是致命的打击。这种人不会是有毅力的人。这种弱点，可以破坏一个人的自信，可以破坏判断能力。做每一件事，都应该成竹在胸，这样就会做事果断，别人的批评意见及种种外界的侵袭就不会轻易改变自己的决定。

敏捷、坚毅、果断代表了处理事情的能力，如果没有这种能力，那一生将如一叶海中漂浮的孤舟将永远漂泊，永远不能靠岸，并且时时刻刻都处在暴风猛浪的袭击中！

有主见，就是有自信；有自信，肯定有主见。拥有主见，才能让自己不断独立自主，才能让自己不断自力更生。

现代女性要有主见，才不会迷失自己，如果任何事情都要他人做选择，没有自己的观点，只会让他离你更远。女人要有头脑、有思想、有自己的人生规划，不要把你的权利交付给别人。

女人放弃自我就会一无所有

有个女孩如此抱怨道:"我很爱我的男朋友,为了他我愿意放弃任何东西,他喜欢的我会去做,他不喜欢的我就不去做。我对他简直是好得不能再好,可他还不是很爱我。我也觉得这样太没自我了,可是我真的无法想象我离开他的日子,我觉得我会死的,总想有一天他也会很爱我的。"

在古代,婚姻是女人一生的赌注,她们将全部的希望寄托在丈夫有出息上,盼望着有朝一日"夫贵妻也荣"。即使在女性独立的今天,不少女性仍然愿意将全部的爱与幸福寄托在丈夫身上,但往往换来的是失望。希望男人成功并没有错,错就错在放弃了完善自我。没有一个良好的自我,只靠男人活着,永远是女人的悲哀。只有不断完善自我,与丈夫比翼齐飞,一同进步,一同成功,才会有良好的心态与丈夫相处。女人只有不断完善自我,才能把握自己,实现自我,并受到他人的承认和尊重。

当女人为婚姻完全放弃自我时,她就放弃了得到认可和尊重的权利。经营婚姻和爱情,就像手握沙子,握得越牢,沙越容易流失。女

第七章 精修习惯：好的习性，是带着香味的灵魂

人把自己的未来寄托在别人身上，舍弃了自尊、自我价值，幸福生活就没有了保障。

女人的天空原本是明亮湛蓝的，不应该生活在泪雨纷飞和愤怒失衡的境况下；更不能放弃自尊，放弃了自尊的女人就等于自掘坟墓！不要为男人而活，要为自己而活，要活出价值来，活出被别人需要的自豪感！做个自尊、自信、自立、自强的新女性。

对于很多女人来说，一旦遇到了某个心仪的男人，就会在生活中某些相对次要的事情上做出让步，时间一长，就迷失了自我。所以女人还是要有自己的思想和生活空间，坚持自我，这样你才不至于陷入别人的人生而迷失自我。

优雅女人，总得有点高雅爱好

女人一般都有一份自己的工作，也有一个为之操心的家庭，看上去忙碌的生活其实也是相当乏味、单调的。往往是电视机或电脑前面一坐，让时间哗哗地大段地溜走。只要一看电视，就什么也干不了。这是一种懒惰的惯性，坐在沙发上，哪怕节目十分无聊幼稚，你也会不停地换台，不停地搜寻勉强可以一看的节目，按下关闭键显得那么

困难。很多的女人在工作以外都是这样的"沙发土豆"。黄金般的周末，多半也是在不愿意起床、懒得梳洗、不想出门中胡乱度过。同时，几乎所有人都在抱怨没有时间，真的有时间的时候又不知道该如何打发，只是习惯性地想到睡觉和"机械运动"——看电视、玩一款熟得不能再熟的电脑游戏。事后又觉得懊恼，心情愈加沉闷。

这就需要作为女人的我们在 8 小时工作以外，去寻找、培养一种属于自己的趣味，在增长自己知识的同时提升自己的修养！

事实上，越来越多的女人已经意识到，无止境地追求金钱并不能够带来内心的幸福，也未必可以像想象中那样脱掉"贫困"的帽子。真正的贫困首先产生于心中，再反映到现实中。有钱而没有品位是一种可悲的、精神贫困的表现。而让我们足以欣慰的是，品位和生活的情调是可以培养的。品位与金钱完全不同，培养过程不需要一个人在精神和道德方面堕落，恰恰相反，通过对生活品位的培养还可以丰富自己的精神世界。不论喜欢与否，你不得不承认，有品位和格调的女人能够让人另眼相看。有钱不一定能让你的社会地位得到提高，但是，有修养、有格调、有品位的人却必定会被欣赏和尊重，因为人们会认为你社会地位比较高。

所以花一点时间培养你的品位吧！高品位的生活方式能够影响一个人的思维。想象一下，一个整天忙得如同车轮一般的女人，哪里有时间思考？而不思考的人显然是无法进步的，更别说岁月流逝以后依旧保持美丽。这听起来似乎有些耸人听闻，但却是无可辩驳的。人的思维会受到自己环境的影响，重复性的机械活动简化了大脑的功能。

第七章 精修习惯：好的习性，是带着香味的灵魂

一个只会工作的人生活在一维空间，而一维空间是缺乏幻想的，是简单的、无乐趣的。这时，就需要女人着力发掘自己的兴趣，来提升自己的品位，保持一生美丽。

1. 培养一项高雅的爱好，认真研究你的爱好，或许有一天，你的爱好会对你的职业有着莫大的帮助。

2. 请选择这样的爱好：音乐、绘画、雕塑、舞蹈、书法、围棋、国际象棋、鉴赏古物、品酒、桥牌、学习一门外国语，等等。如果你有条件，最好请一位私人教师，你会发现一对一的学习效果令人吃惊。但请不要选择这样的爱好：摇滚乐、街头说唱、打麻将、喝老白干、打保龄球（在西方它是没有品位的活动）。

总而言之，想要成为一个优雅的美丽女人，我们就应该培养一些高雅爱好。琴棋书画没必要门门精通，只要把其中一项学精你就大功告成。

品味书香，腹有诗书气自华

古人告诉我们："腹有诗书气自华。"罗曼·罗兰劝导女人："和书籍生活在一起，永远不会叹息！"书能让女人变得聪慧、变得丰富、

变得美丽。著名作家林清玄在《生命的化妆》一书中说到女人化妆有三个层次。其中第二层的化妆是改变体质，让一个人改变生活方式、保证睡眠充足、注意运动和营养，这样她的皮肤得以改善、精神充足。第三层的化妆是改变气质，多读书、多欣赏艺术、多思考、对生活乐观、心地善良。因为独特的气质与修养才是女人永远美丽好看的根本所在。所以，女人要记住，唯学能提升气质，唯书能提升修养。想成为雅致的女人，我们就时刻不要忘了跟书约会，因为书是女人雅致一生最值得信赖的伙伴……

读书可以增添女人的智慧，可以使女人更有品位，也就是可以使女人展现一种智慧的美丽。就像在生活中，爱读书的女人，不管走到哪里都是一道风景。也许她貌不惊人，但她的美丽却是骨子里透出来的，谈吐不俗、仪态大方。爱读书的女人，她的美，不是鲜花，不是美酒，她只是一杯散发着幽幽香气的淡淡清茶，透出一个女人的智慧，一个女人的雅致。

读书在不同的年龄，也有着不尽相同的心境。少女时节，精力旺盛，求知欲强，大有读遍天下书的宏愿，书读得既快又杂，而大多是浅尝辄止、囫囵吞枣、不解其味。长大以后，品味一本书就像在轻轻地哄着婴儿睡觉般，细读慢品之余，便能悟出书中的精华。书的灵气渐渐从那一行行文字中透射而出，让人不忍释手，捧读之间犹如庭中赏月，怡然自得、陶醉其中。

读书对增添女人品位的效力，不像睡眠，睡眠好的女人，容光焕发，失眠的女人眼圈乌黑。读书和不读书的女人在一天之内是看不出

第七章 精修习惯：好的习性，是带着香味的灵魂

来的，书对于女人美丽的功效，也不像美容食品，滋润得好的女人，驻颜有术，失养的女人憔悴不堪。读书和不读书的人，在两三个月内，也是看不出来的。日子是一天一天地过，书要一页一页地读。清风明月，水滴石穿，一年几年一辈子读下去，累积的智慧，才能最终夯实女人的雅致，所谓的"秀外慧中"就是指的这个。也就是说，女人若是在书卷堆里待的时间长了，浑身自然而然就会有一种翰墨的味道，淡淡的香萦绕在女人的身边，这种香是名贵的香水所无法比拟的。香水的味道会随着岁月的流逝而渐渐淡化，但是，一个溢满书香味的女人，却会随着年龄的增长而积厚流广，日愈馨香，更见浓郁，足以相伴一生。

读书的女人是敦厚的，也是优雅的。浸在书香氤氲的气息里，女人会变得超凡脱俗，淡然处世，绝少贪奢，她们有着一种谦逊随和的娴静之气，在芸芸众生中，一眼就能认出那份离尘绝俗的恬淡气质。

书中有太多的世态炎凉，太多的人情世故，女人在阅读的时候，也就如身临其境，领悟到什么是生活中值得尊重和珍惜的东西。她们会真心地对待自己，诚意地对待别人，让生活的每一天都充满宁静的激情和欢乐。

读书的女人是一所好学校，她教会人用淑雅、宽仁去面对世间的一切，远离庸俗和琐屑。她们懂得"富贵而劳悴，不若安闲之贫困"的真正含义，所以她们不和人攀比，不和人计较，生活得单纯而安然。

读书的女人是清晨的露珠，纯净而晶莹，也似天上的星星，明亮中有一分深邃。读书的女人素面朝天，书便是她们经久耐用的时装和化妆品。走在花团锦簇、浓妆艳抹的女人中间，与众不同的气质和修养使她们显得格外引人注目。

书对于女人的好处说不尽。女人读书会蜕去愚昧与狭隘，多一分理智与宽容；女人读书会知羞耻与善恶，从而明辨是非，洁身自爱；女人读书更会懂得如何去做人，而不会成为别人的附庸和可有可无的影子，从而获得和他人一样平等的地位和尊重。

读书的女人，本身就是一本味笃而意隽的书，越读越有味。不读书的女人，最多只能是一具美丽的躯壳，没有生命的张力，经不起时间的淘洗，是一张空洞而单一的白纸，必将褪色而遭遗弃。

与音乐结伴，让思绪自由流淌

有人说音乐是人类的第二语言，也有人说音乐是人类的精神食粮，因为音乐能陶冶人的情操。而女人与音乐的关系，就好像鱼儿离不开水、花儿离不开秧一样，音乐是女人的至亲密友，没有音乐，女人的生活会单调乏味，会有一种度日如年的感觉。有了音乐，女

第七章 精修习惯：好的习性，是带着香味的灵魂

人的世界里阴天也会变成晴天，忧郁也会变为舒畅，贫穷也会感到富有。

美国音乐界的知名人士凯金太尔夫人因患乳腺癌，身体健康状况每况愈下，濒临死亡。这时候，凯金太尔夫人的父亲不顾年迈体弱，天天坚持用钢琴为爱女弹奏乐曲。两年之后奇迹出现了，凯金太尔夫人战胜了乳腺癌。康复后，她热情似火地投身于音乐疗法的活动，出任美国某癌症治疗中心音乐治疗队主任，凯金太尔夫人弹奏吉他，自谱、自奏、自唱，引吭高歌，帮助癌症病人振奋精神，与病魔进行顽强的斗争。

德国科学家马泰松同样致力于音乐疗法几十年，他在对爱好音乐的家庭进行调查后发现，常常聆听舒缓音乐的家庭成员，大都举止文雅，性情温柔；与古典音乐特别有缘的家庭成员，相互之间能够做到和睦谦让，彬彬有礼；对浪漫音乐特别钟情的家庭成员，性格表现为思想活跃，热情开朗。由此他得出结论：旋律具有重要的意义，并且是音乐完美的最高峰。音乐之所以能给人艺术的享受，并有益于健康，正是因为音乐有动人的旋律。"

这便是音乐的魅力。

如今，随着现代社会的发展，人们普遍意识到音乐的力量。对于女人而言，音乐更是对自身品位的一种陶冶。有品位的女人，一般都能够享受更多、更充实的音乐生活。尤其对于雅致女人来说，音乐是生活的一部分，没有音乐的生活是难以想象的。她们在聆听优美音乐的过程中，会让那清新纯美的、富含灵气的音符，轻滑过满是尘埃的

心头，使自己进入一个浑然忘我的自然境界。

每一个醒来的早晨，我们不妨闭上眼用心聆听 10 分钟音乐，再开始一天的工作，相信，你一天的心情都会因此轻松愉悦起来。我们在音乐中畅游，让思绪自由流淌，有时灵感便会随着音乐流淌出来，某个盘旋已久的问题亦会在心中找到答案。

第八章 智慧谈吐：
声音，是女人外露的性感

优雅的声音娓娓道来，宛如天籁一般飘进耳朵，感动心灵，令人心驰神往。无论何时何地，优雅的谈吐都是女人气质、修养乃至魅力的体现，这样的女人朱唇轻启，便是呵气如兰，她们就像磁场一样，不动声色地吸引着别人。

这才是淑女式的谈吐

一般情况下,对于一个初次见面的人,人们大多习惯从她的言谈中去了解她是一个什么样的人。一个女人,要想给人留下一个美好深刻的第一印象,掌握淑女式的言谈技巧是很有必要的,毕竟,"淑女"作为女人做人的一种境界,是没有几个男人可以拒绝的。那么,究竟什么样的谈吐技巧,能够让我们更显淑女气质呢?我们一起去了解一下:

1.淑女动人的谈吐主要体现在富有磁性的声音上。温柔的话语是人类中最美妙、最动听的声音。俗话说:"有理不在声高。"这也说明大嗓门往往是不被人喜欢的。有教养的淑女一般说话的声音都不高,电影、电视里也很少出现泼妇式的吵闹,为了保持温柔的形象,很多女演员都做了声带手术,就是为了避免出现声嘶力竭的高调,当然,我们无须这样去做。

其实只要我们的声音有感情、有柔情,就是美的。越是富有感情,声调越低,对女人而言就越是轻柔,对男人而言就越是低沉有力。在美国,一些政府要员、公司主管等人员是要参加声音培训

第八章 智慧谈吐：声音，是女人外露的性感

的，而培训的重点是强调降低声调。声音的力量是和音调的大小成反比的。在现实生活中，许多吵吵闹闹的场合，管理人员越是大声，吵闹声或是依旧或是越来越大；而学校里的某些班主任，结束吵闹场面大多用的是沉默，吵嚷不久自然就会安静下来，在这时，能镇住、控制场面的是低调的声音。女人低而柔的声音有无限的魅力，因为听声音而喜欢对方的大有人在。低而柔，这是女声美的重要因素。

2. 淑女优雅的谈吐，还主要表现在用语礼貌、文明上。如果你的话语中透着真诚、亲切，再沙哑的声音也会变得悦耳。

一个女人如果只知道化妆打扮，而不懂得如何让自己的谈吐得体优雅，就难免落个徒有其表、令人讨厌的下场。有些女人衣着很漂亮，长相也很靓丽，可是说起话来乏味、粗俗甚至夹杂着脏话，这样的女人永远与淑女无缘。

女人优雅的谈吐就像是醇酒一样，芳香四溢、沁人心脾。优雅的谈吐需要女人在说话时语气亲切，言辞得体，态度落落大方。吸引男人的谈话需要动听的声音。有些谈话虽然在内容上没有独到的、吸引男人的地方，但女人那动人的声音，却使男人觉得是一种享受。

3. 淑女在和男人交谈时，既有思想的交流，又有感情上的沟通。那种贫乏、枯燥无味、粗俗浅薄的语言，会使男人感到厌恶。如果女人的谈吐既有知识、趣味，又不失幽默，并能用丰富的表情和磁性的声音来表达，那将会令男性听者倾倒。同时，淑女那优雅动人的谈

吐，不仅可以令众生顿生仰慕之情，同时也令同性侧目。谈吐是女性风度、气质和美的组成部分，谈吐不仅指言谈的内容，也包括言谈的方式、姿态、表情、语速及声调等。淑女文雅的谈吐是学问、修养、聪明、才智的流露，是魅力的来源之一。

4. 淑女的谈吐要真正做到优雅动人，必须铭记与人谈话的10忌和交谈中的4个避讳。

（1）淑女与男性谈话的10忌：

①打断他人的谈话或抢接别人的话头。

②忽略了使用概括的方法，使对方一时难以领会您的意图。

③注意力分散，使别人再次重复谈过的话题。

④连续发问，让人觉得你过分热心和要求太高，以致难以应付。

⑤对待他人的提问漫不经心，使人感到你忽略和轻视对方。

⑥随便解释某种现象，轻率地下断言，借以表现自己是内行。

⑦故弄玄虚，遮遮掩掩，让人迷惑不解。

⑧不适当地强调某些与主题风马牛不相及的细枝末节，使人厌倦，并感到窘迫。

⑨当别人对某话题兴趣不减之时，你却感到不耐烦，立即将话题转移到自己感兴趣的方面去。

⑩将正确的观点、中肯的劝告伴称为是错误的和不适当的，使对方怀疑你话中有戏弄之意。

（2）交谈中的避讳

世间没有十全十美的人。凡人皆有长处，也难免有短处。男人总

第八章 智慧谈吐：声音，是女人外露的性感

是有自尊心的，往往不愿别人触及自己的某些缺点、隐私、不愉快的事等。因此，在与人交谈时，淑女须讲求避讳。在涉及一些敏感的、特殊的事情时，应多为对方着想。

①生理上的缺陷。说话时都要避开男人的生理缺陷，不得已采取间接表达方式。如对跛脚人应客气说："您腿脚不方便，请先坐下。"

②家庭不幸。像亲属死亡、夫妻离异等。如果不是男人主动提及，不宜唐突说起。

③人事的短处。在为人处世方面的短处、不体面的经历和现状，这些都是不希望他人触及的敏感点。

④入乡随俗。"入境而问禁，入国而问俗，入门而问讳"。这对于社交成败至关重要。

事实上，没有人是天生就招人喜欢的，我们想成为淑女，跟男人说话，就要注意避讳，其实这也是在理解男人、尊重男人，是女人讲文明、有修养的表现。这样能尽量避免产生不愉快，使人人欢喜。淑女式优雅动人的谈吐，有助于社交，有助于体现淑女的个性美，会为我们的美丽平添几分姿色，所以我们务必要培养自己这方面的能力。

伤人自尊的话永远不要说

一句伤人自尊的话足以让对方久久不忘，同时也会给我们自己造成不可估量的损失。人与人之间的交往是从尊重开始的，沟通需要把握一个度，一定要懂得尊重人，尊重人才能获得人的尊重。

一只熊在与同伴的搏斗中受了重伤，它来到一位守林人的小木屋外乞求得到援助。

守林人看它可怜，便决定收留它。晚上，守林人耐心地、小心翼翼地为熊擦去血迹、包扎好伤口并准备了丰盛的晚餐供熊享用，这一切令熊无比感动。

临睡时，由于只有一张床，守林人便邀请熊与他共眠。就在熊进入被窝时，它身上那难闻的气味钻进了守林人的鼻孔。

"天哪！我从来没闻过这么难闻的味道，你简直是天底下第一大臭虫！"

熊没有任何语言，当然也无法入眠，勉强地挨到天亮后，熊向守林人致谢后就上路了。

多年后一次偶然相遇时，守林人问熊："你那次伤得好重，现在

第八章 智慧谈吐：声音，是女人外露的性感

伤口愈合了吗？"

熊回答道："皮肉上的伤痛我已经忘记，心灵上的伤口却永远难以痊愈！"

人都是有人格、有尊严的。对一个人而言，最大的伤害莫过于人格、尊严上受到了伤害，这种伤害是刻骨铭心的！他的肉体在受到伤害后，通过治疗，不久就会愈合，但他心灵上的伤害，可能永远也无法愈合。所以，我们不能对人极尽讽刺、挖苦之能，这样做的后果，于人于己都不利！

懂得尊重别人，是女人修养和品格的体现，简单的道理就是：你尊重别人，别人也会尊重你，这就是所谓的"爱人者人恒爱之，敬人者人恒敬之"。

给批评加上一层糖衣

批评是一门高深的艺术，高明的批评于人于己都会大有裨益，所以我们在批评他人之时，一定要尽量做到既指出错误，又不伤害人感情。

没有人愿意受批评，无论你说得有多正确，所以，批评经常会引

发一些负面效应。但是，有些人却能够恰当地掌控批评方法与尺度，使批评达到春风化雨、甜口良药也治病的效果。

美国南北战争时期，属下向林肯总统打听敌人的兵力数量，林肯不假思索地答道："120万~160万之间。"下属又问其依据何在，林肯说："敌人多于我们三四倍。我军40万，敌人不就是120万~160万吗？"

为了对军官夸大敌情、开脱责任提出批评，林肯巧妙地开了个玩笑，借调侃之语嘲笑了谎报军情的军官。这种批评显然比直言不讳地斥责要好多了。

其实，很多时候批评的效果往往并不在于言语的尖刻，恰恰在于形式的巧妙，正如一片药加上一层糖衣，不但可以减轻吃药者的痛苦，而且使人很愿意接受。批评也一样，如果我们能在必要的时候给其加上一层"外衣"，也同样可以达到"甜口良药也治病"的目的。

故事一：

某日中午，主管张爽来到自己的钢铁厂"微服私访"，正巧撞见几个工人在吸烟，而在那些工人头顶，正悬着一面"禁止吸烟"的牌子，但张爽并没有直接批评工人。

他走到那些工人面前，拿出烟盒，给了每人一支烟，然后请他们到外边去抽。那些工人知道自己破坏了规定，可是他们钦佩张爽的宽容，而且还给他们每人一支烟，工人们觉得受到了尊重，很高兴地走到了外面。

第八章 智慧谈吐：声音，是女人外露的性感

故事二：

最善于布道的彼德牧师去世了。下一周的星期日，艾鲍德牧师被邀登坛讲演。他尽其所能，想使这次讲演有完美的效果，所以他事前写了一篇演讲稿，准备到时宣读。他一再修改、润色，才把那篇稿子完成，然后，读给他太太听。可是这篇讲道的演讲稿并不理想，就像普通演讲稿一样。

如果他太太没有足够的修养和见解，一定会直接说出这篇稿子糟透了，绝对不能用，因为它听起来就像百科全书一样枯燥无味。

但艾鲍德太太知道间接批评别人的好处，所以她巧妙地暗示丈夫，如果把那篇演讲稿拿到北美评论去发表，确实是一篇极好的文章。也就是说，她边赞美丈夫的杰作，同时却又向丈夫巧妙地进行了暗示，他这篇演讲稿，并不适合讲演时用。艾鲍德明白了妻子的暗示，就把他那篇绞尽脑汁完成的演讲稿撕碎了。他什么也不准备，就去讲演了。

我们要劝阻一件事，应躲开正面批评，这是必须要记住的。如果有这个必要的话，我们不妨旁敲侧击地去暗示对方，对人正面的批评，会毁损他的自信，伤害他的自尊，如果你旁敲侧击，对方知道你用心良苦，他不但会接受，而且还会感激你。

当老板、上司、权位高于你的人，做出一些貌似有理却又似是而非的举动时，直言不讳显然是不妥的，这样做得罪人不说，甚至还有可能给你的前途造成一定的负面影响。遇到这种情况，我们就要采取迂回策略，委婉地指出对方的错误，这样往往会让他们更乐于接受。

某排长指示战士将部队的石料拉出去送人情，战士不从。排长当即说道："这是命令，军人以服从命令为天职，这要是在战场……"

战士马上打断排长的话："排长，您的话不错，不过我能问您个问题吗？"

"你问吧。"排长表示同意。

"若是在战场上，有人命令我们向敌人投降，我们是不是应该照做呢？"

"当然不行！"

"是的，执行命令首先要看命令对错与否。如果命令有误，我们不但可以不执行，还可以向上级反映，这是入伍时排长您教导我们的，我们一直牢记在心。"

排长听后苦笑一下，最终放弃了自己的做法。

这个战士就非常聪明，他没有直接指出排长的不当之处，而是绕了个圈，最后才将重点引到原来的问题上。这种做法不但给自己留下了一定余地，而且有效地切断了对方的后路，使其不得不放弃自己的错误观点，同时又保留了颜面。这样的批评方法，我们在实际沟通中，应该多多运用。

第八章 智慧谈吐：声音，是女人外露的性感

会认错，总能化干戈为玉帛

先贤曾说"知错能改，善莫大焉"，或许是受此影响，国人很少会对"主动认错"的人不依不饶。所以，有些时候，为了化解尴尬局面，我们不妨主动低下头，承认自己的错误。

俗话说，一句话把人说笑，一句话把人说跳。在家里、在单位、在外面办事，受到别人指责的情况谁没碰到过？也许他的指责有道理，也许他的指责根本就是小题大做甚至无中生有。这时，有的女士本能的反应是立即还嘴反击，结果常常是由小吵演变成大闹，最后落个两不相让又两相伤害的地步。其实细细想来，指责别人有时只是一种个人情绪的发泄，如果被指责者不去计较，而主动低头，你说我一个错我认两个错，反倒让他不好意思。人同此心，心同此理，当指责落在我们自己头上时，那就试试这一招吧。

欧阳莎莎是一位商业艺术家，她曾用礼貌道歉的话语得到了一个极易动怒的雇主的信任，欧阳莎莎在讲她这段故事时这样说。

做广告图时，最要紧的是简明正确，有时不免发生些小错。有一位广告社主任，我就知道他专喜欢在小地方挑毛病，我时常是不愉

快地从他的办公室走出来，不是因为他的批评，而是他攻击的地方不当，最近我百忙中替他赶完一幅画，他来电话叫我去见他，果不出所料，他显得非常愤怒，已经准备好了要批评我一顿。我却想到了用自己责备自己的方法争取主动："先生，你所说的话不假，一定是我错了，而且是不可原谅的。我替你画画多年，应该知道如何才对，我觉得很惭愧。"

他立刻为我分辩说："是的，你说得对，不过这并非大错，仅只——"我马上插嘴说："不论错的大小，都有很大的关系，会让别人看了不高兴。"

他打算插嘴说话，但我却不容他。我有生以来第一次批评自己，我很愿意这样做。我继续说："我实在应该小心，你给我的工资很多，你理应得到满意的东西，所以我很想把这幅画重新画一张。"

"不！不！"他坚决地说，"我不打算再麻烦你。"他夸奖我所画的画，说只需稍加修改就可以了，而且这一点小错，亦不会使公司受损失，仅是一点小节不必太过虑了。

我急于批评自己，使他的怒气全消。最后他邀我一起吃点心，在告别之前他给我开了一张支票，并委托我画另一幅新的广告。

欧阳莎莎说，我承认自己错了，以显示主任的正确，抬高了他的地位，他高兴之余也不会再苛责我了。

试想，如果这位女士换一种做法，尽力为自己辩解，那会怎样？所以，只要无关大局的事情，以自责的话堵住对方的嘴，这样他会主动伸出双手把你低下的头扶起来。

第八章 智慧谈吐：声音，是女人外露的性感

言语留余地，面子不能拂

其实绝大多数人都有这样的心理，自己做错了事，却没有承认的勇气，当别人直言说破时，往往会表现出强烈的反抗情绪。为了让对方知错改错，我们可以找一个合理的理由，给对方留下余地，让其在反省中认识并改正自己的错误。

要知道，"爱面子"是人的共性，也正因为"爱面子"，很多人即便做错了事，也坚决不会承认，更不允许别人当面戳穿。可是，如果明知道他人有过失，又不及时予以纠正，岂不是等于纵容他继续犯错？但若单刀直入，施行"无麻醉手术"，又有可能导致对方产生逆反心理，导致错误加剧。如此，沟通显然不会达到好的效果。

有这样一则案例。

有一位女老总要宴请一个重要客户，让新来的行政主管作陪。饭局定在市中心最高档的酒店里，与宴者都是些重要客户，宾主之间把酒言欢，其乐融融。酒至半酣，一个客户略带醉意地说："五花马，千金裘，呼儿将出换美酒！酒真是个好东西，也难怪诗仙杜甫连好马也不要了。"听了客户的话，有的说客户说的有道理，也有的说客户

真是高雅之人……突然，新来的行政主管大声说："X先生，不对吧，什么时候诗仙变杜甫了。"众人停顿了一秒，客户的脸变成了猪肝色，这位女老总见势头不对，连忙端起酒杯，岔开话题："管他什么诗仙不诗仙的，我们干了这杯，大家都是酒仙。"于是大家都频频举杯，将事情一带而过，新来的行政主管还在那里跟身边的人说谁是诗仙，谁是诗圣的，老总的脸色越来越难看。

饭局刚散，老总就对新来的行政主管说："不是所有的事情都是商务谈判，日常小事又不是什么原则性问题，出点错误大家一笑而过就好，何必咄咄逼人呢？为什么我们一定要找出一个证据，去指责别人的错误呢？你这样做会让别人对你产生好感吗？你为什么不能给他留一点点面子呢？他并不想征求你的意见，也不想知道你有什么看法，你又何必去跟他争辩呢？你应该给别人留一个台阶！"

像行政主管这样的人是很不招人喜欢的，人际沟通不是学术交流，没有必要那么较真！生活中，我们应该豁达一点，给别人一个台阶，别人自然心中有数。

燕燕刚搬到一个新地区，发现邻居养了只大猎犬，平常总是放任它在附近乱晃。

虽然这只猎犬性情温驯，不过自己的小孩看见它总会感到害怕，所以除了待在院子里，哪都不敢去。于是，燕燕决定去拜访猎犬主人。

"您好，我是您的邻居赵燕，我想和您商量一些事情。您的狗很健康、非常活泼，不过我们家小孩看到就会害怕，不敢出门，我怎

第八章 智慧谈吐：声音，是女人外露的性感

讲都没用。所以想请您帮个忙，下午5点到6点之间，能不能暂时让您的猎犬待在家里，这样我们家小孩就可以出来玩一会儿了。6点以后，我会叫小孩回家吃饭，之后您的猎犬就又可以随意散步了。希望您能体谅这种情况……"

这位邻居听完燕燕的话之后，点点头，表示愿意按她的话去做。

燕燕之所以能让邻居接受自己的意见，是因为她首先赞美了邻居的猎狗，赢得了邻居的好感，然后才说出自己的孩子害怕小狗、不敢出门的事实，最后提出完整的、无损双方利益的解决方案。从始至终，她都在用商量的语气和邻居交涉，可谓给足了对方面子，因此二人才能顺利地达成了共识。试想，如果燕燕开口就抱怨邻居放纵猎犬游逛，导致自己的孩子不敢出门，而后再强硬要求邻居将狗拴好，事情又会变成怎样呢？

大家要注意，在人际交往中，"替人搭台阶"是一个很重要的环节，尤其面对身份、地位高于自己的人物，进忠言是绝对不能逆耳的，不动声色地为对方递上一块"下马石"，不但能达到预期的目的，对自己而言也是一种保护。

诚然，有些话必"直"才能见效，但生活中未必处处都要"单刀直入"，尤其是在劝诫之时，若能既让对方听出弦外之音，又不伤彼此和气，效果岂不是更好？

毋庸置疑，绝大多数情况下，我们的批评都是善意的，是发自肺腑地希望能够帮助对方改正某些错误，但往往因为措辞不当，令对方怒目相向，批评教育的目的因此也宣告破产。所以，当我们准备批评

人时,不妨先停下来,思考一下采取什么样的方式,才能达到批评、教育,又不伤害人的效果。

别人的隐私,不要当作玩笑开

与人交谈时,大家最好不要随意触及他人的隐私。在特殊情况下,如果迫于形势,不得不提及他人的隐私,这时,我们应该采用委婉的语言暗示对方你已经知道他的错处或隐私,让他感到有压力而不得不改正。一般来说,知趣的、会权衡的人是会顾全双方的脸面而悄悄收场的。

每个人都有不为人知的隐私。心理学家指出,没有人愿意将自己的错误和隐私在众人面前"曝光"。所以,优雅的女人即便与对方的关系再好,也绝不会将别人的隐私公之于众,更不会将其当作笑料来调侃。因为这样一来,无疑是让人家当众出丑,"受害者"必然会感到尴尬和愤怒。

夏玲玲和陈海光二人不但是发小儿,还是大学校友,生意场上的伙伴。两人关系很不错,称得上是异性知己,相互开玩笑时也无所顾忌。陈海光原来在某厂任财务科长,因经济问题被判刑三年,老婆跟

第八章 智慧谈吐：声音，是女人外露的性感

他离了婚。出狱后痛改前非，终于事业有成，和夏玲玲一起，分别成为某集团公司属下两个分公司的经理。有一次，在总公司的例会上，轮到陈海光发言，陈海光谦逊道："我想说的大家都说过了，就不用再重复了。"夏玲玲对陈海光的婆婆妈妈感到不满，开玩笑说："你谦虚什么呢，还怕别人得了你的真传吗？好，你不愿说，我来替你说，你的成功之处在于掌握了'三证'，一是大学毕业证，二是离婚证，三是劳改释放证。"在大家的哄笑声中，陈海光的脸一下变成了猪肝色。从此，陈海光与夏玲玲彻底断交，形同陌路。

中国有句老话叫"祸从口出"，因此，我们出言一定要谨慎，对什么话能说，什么话不能说，一定要做到心里有数。

一个毫无城府、随意调侃他人隐私的女人，不仅会因为她的浅薄俗气、缺乏涵养而不受欢迎，还极有可能因此惹祸上身。

在日常生活中，我们为人应该谨慎一些，说话应该小心一些，对于他人的隐私，应该做到不闻不问，更不要执着于打探别人的隐私。

热衷于打探他人隐私的人，总是令人讨厌的，这一点在西方显得尤为突出。个人隐私所包括的面很广，诸如个人收入情况、女士年龄、夫妻情感、他人家庭生活等，都属于个人隐私的范畴。

大家在打算向对方提出某个问题的时候，最好是先在脑中过一遍，看这个问题是否会涉及对方的个人隐私，如果涉及了，要尽可能地避免，这样对方不仅会乐于接受你，还会为你在应酬中得体的问话与轻松的交谈而对你留下好印象，为继续交往打下良好的基础。

背后不论人非，让流言止于此

所谓"隔墙有耳""好话不出门，坏话传千里"，优雅的女人绝不会将"流言"当作茶余饭后的笑料，更不会当众去说别人的坏话。当有人对她们道及第三者坏话时，无论她们是否明白个中原因，都会做到"入耳封存"。这才是明智之举。

张海燕是公司业务部的精英，曾多次获得公司年终奖金。年底又到了，张海燕根据考核办法，算出自己又可以拿到2万元奖金，便提前与男朋友算计这2万元该怎么花。最后决定，储存1万元，另1万元做春节旅游之用。

获奖名单公布以后，张海燕发现竟没有自己的名字——是不是相关人员疏忽把自己漏掉了？张海燕带着疑问找到业务部经理。经理说："我们这次考核，是绩效考核加表现考核，不只是看绩效，还要看平时的表现，如个人形象、是否具备团队合作精神，等。你想想看，自己在别的地方有没有做得不够的地方。"

张海燕不由得低下头去。

经理提醒说："年终时，你跟小王争地盘，哪有一点团队合作精

第八章 智慧谈吐：声音，是女人外露的性感

神？而且给公司造成了很不好的影响。这是你今年没有拿到年终奖金的主要原因。"

张海燕跟小王所争的"地盘"，是一家大客户。原来是小王开拓的市场，后来那家大客户的部门经理易人，张海燕的同学走马上任。张海燕就去拜访同学，想把业务划到自己名下。小王告到部门经理那儿，部门经理出面批评了张海燕，张海燕才撤出去。

张海燕一肚子气离开经理的办公室。她以为，自己落选主要是经理在作祟。绩效考核，主要看业绩，这是硬指标，别的都是软指标，说你达标就达标，说你不达标就不达标。自己若没有团队合作精神，就不会听经理的意见，早把"地盘"抢到手了。还有，那奖金是公司里出，也不是经理自己掏腰包，经理是忌妒才把她拿下来的。

张海燕越想越气，不自觉地找到几个平时关系不错的同事倾诉，发泄不满，说经理的坏话。

不久公司大裁员，张海燕赫然出现在名单上。自己是业务精英，是不是搞错了？张海燕找老板询问。没错，他的解雇理由是：缺乏团队合作精神。

张海燕不理解，那件事过去半年了，自己跟小王早就和好了，怎么又扯出来大做文章呢？

后来，一个知情的同事告诉他，她在背后说经理坏话的事传到经理耳朵里了，经理怨气难平，自然力主裁掉她。

有道是："谁人背后无人说，谁人背后不说人。"这话说得虽

然有点绝对,却也揭示了一个事实,即大多数人或多或少都在背后说过别人。不过有一点,经常在背后说别人坏话的女人,肯定不会受欢迎。因为但凡有点头脑的女人,都会自然而然地联想到:"这次你在我面前说别人的坏话,下次你就有可能在别人面前说我的坏话。"这样一来,说人坏话者在别人心目中的印象又能好到哪去呢?

有一句话说得非常经典,那就是:"诽谤别人,就像含血喷人,先污染了自己的嘴巴。"它的意思是说,诽谤别人的人,最终都不会有好下场。

奉劝女士们,不要以惯于诽谤他人为乐趣。不要精明于怎样损人利己,因为这并不困难,只会遭人唾弃。所有的人都会报复你,说你的坏话,并且由于你孤立无援而他们人多势众,你会很容易被打败。不要对别人幸灾乐祸,也不要多嘴多舌。一个搬弄是非的女人会被人们深恶痛绝。她或许可以混迹在高尚的人群中,但他们只会把她作为一个笑料,而不是作为谨慎的榜样。说人坏话的人会听到别人说她的更不堪入耳的话。

第八章　智慧谈吐：声音，是女人外露的性感

赞美的话，永远不会过时

无论如何，人总是喜欢别人夸奖的，不用否认，我们也是一样。很多时候，我们明明知道对方说的是奉承话，但心中仍免不了会沾沾自喜，这是人性的弱点。换句话说，当一个人受到别人的夸赞时，他是绝不会感觉厌恶的，除非你那些话说得太离谱。

赞美，这既是一种很绝妙、很实用的说话技巧，也是增进人们之间情感的重要桥梁，大家若是能把赞语常常挂在嘴边，你就会发现，我们的身边不再有敌人了。

记得大文学家马克·吐温曾经说过："一句精彩的赞词可以代替我十天的口粮。"的确是这样，恰当的赞美在抬高别人的同时，也能够为自己聚拢人脉，古龙也说："夸赞别人，是种很奇怪的经验。你夸赞别人越多，就会发现自己受惠也越多。"事实上，那些成功的女人几乎都是这方面的能手，她们善于抓住不同人的不同特点，区别对待，巧嘴一张，就说得人满心欢畅。

有一位喜欢环球旅游的女士就是这样，她无论走到哪个国家，都会立刻结识一大群朋友。一个年轻女孩向她询问其中的秘密，她说：

"我每到一个国家，就立刻着手学习这个国家的语言，并且只学一句，那就是'美极了'或者是'漂亮'，就因为我会用各种不同的语言表达这个意思，因此我的朋友遍天下。"

是的，"美极了"的确是一个绝妙的词，我们可以对任何一个人用上这个词，也可以用在一餐饭上，甚至一只猫、一只狗的身上。只要一个人的听觉没有失灵，当他听到这个词时，心情一定会快乐许多，不信，你可以试试。

大家应该知道，事实上一个人身上值得赞美的地方数不胜数，纵然是没有特别技艺和才能的人，他们性格上也有或多或少的优点，如豪爽、和蔼、细心、大方等。总之，凡是值得一赞的地方，我们都不妨去赞美一番。记住，不要怕因赞美别人而降低自己的身价，相反，我们应当通过赞美表示你对人的真诚。

同时，赞美又能令被赞美者继续将自己的优点发扬下去。你赞美一个人的勇敢，就能使他加倍勇敢，你赞美一个人的勤劳，就能使他永不懈怠。多少人从热烈的掌声中，更加奋发；反之，多少人在责怪、怨骂声中消沉下去。既然我们的赞美有这么大的作用，那么，我们为何不用它去激励你所关心的人呢？

要知道，懂赞美的女人最美。

第九章 起舞职场：
你的优雅，价值百万

女人不能完全依托于男人，这在新时代女性中俨然已经成为共识。一个优雅的女人绝不会将全部期望寄托在男人身上，即便他们彼此非常相爱。女人应该有属于自己的事业，去追求更高的自我价值。尽管职场风云变幻，但没什么，以优雅女人的历练和睿智，一定能够在这里翩翩起舞，尽显风流。

让女人味在职场蔓延开来

入夜，推开窗，舒帘漫卷，让凉风拂面而来，窗外，浩瀚的星空掩映着城市错落的楼群。白天的喧嚣去了，一如此刻退尽铅华后的女人，如潮的往事早已沉淀于心灵深处。皱纹悄悄爬上眼角却难掩嘴边眼角那一抹睿智而沉稳的笑意。

一袭暗金色的镶了皮草的斜襟中式上衣，别致张扬的仔裤，依附在那苗条高挑的身材上；起身、微笑，体态与表情中所传达的都是一种逼人的魅力；让人觉得这个世界上的人都是那么平常、普通。这就是张天爱。已过不惑之年的她，对于自己的过去，有一套自己的理论：年龄减法，魅力加法，活在这个理论中，心态永远不会老，老的只是容颜。

她说："20岁的时候，我的美是一种很表面的单方面的美，青春美就是青春美，很短暂，也没有更多的内容。"相比20岁的时候，她说她更喜欢现在的样子，虽然容貌变老了，脸上也多了许多皱纹，可是内在的东西也都随着年龄的增加而显露出来了。

"20岁的时候，我的脑子和身体没有连接起来，形体漂亮，就

第九章　起舞职场：你的优雅，价值百万

只有形体漂亮了，脑子却在做别的。就像我的十个指头，可我只会动其中几个，而不会完全使用十个指头。所以我以前不太敢展示女人味，因为总觉得自己的基础还不够，虽然我也认为我有这个天赋，但就是发挥不出来。现在……"她笑了笑，带着自信，"我现在像个真的女人了，内在、外在的魅力只要有机会，我就使劲地把它们全都释放出来。我觉得现在的我很有味道，有一种自然的性感。"

我们常常说某某人很有"女人味"，在这里，女人味指的是女人身上的一种气息，它所代表的不仅仅是成熟、温柔、善良、爱心、智慧，还有魅力和性感等。是岁月沉淀后的美，是女人内在品质的外在表现，女人味不是一种特质，也不是一个单词，它更像一种无形的力量，传达出女人的气息。简言之，女人的味道就是女人的神韵和风采。没味道的女人即使再漂亮，只要一开口就会暴露出贫瘠的内心和空荡荡的精神。只有经过岁月淘洗后的女人才味道十足，让人眷恋不已。

一提到职场，所有古板的规则就浮现在人们的脑海中。似乎女人一踏入职场，就应该把性别差异一脚踢开。似乎在职场里凸显女人味，是一种懦弱的表现。但是现实却是，在职场有女人味的女士更容易成功、更容易取得成就。

很多女人都十分羡慕安娜莉瑟，因为她嫁了个好老公布洛斯特。布洛斯特不仅给了她爱情，还给了她令其他女人们艳羡之极的巨额财富。

当初,艾利希·布洛斯特还只是一个平常至极的男人,他的那张《西德意志报》不过刚刚创刊,前途未卜。他追过好几个美女,但女人们都嫌他不够富裕而拒绝了他,直到布洛斯特遇到了安娜莉瑟。自安娜莉瑟见了布洛斯特的第一眼,就认定这是一场美丽爱情的开始。虽然他几乎一无所有,但他的豪情壮志使他浑身都充满了男人的魅力。

安娜莉瑟很自然地接受了做布洛斯特女秘书的请求。她的女友劝她说:"小心点。再好的女人,若遇到一个糟糕透顶的男人,这一生也就玩儿完了。为什么不选一个生活有保障一点的呢?"

安娜莉瑟拒绝了女友的好意。在和布洛斯特并肩创业的艰苦日子里,她尽量不去设想那些华丽的服饰、精致的美食和光芒四射的宝石。遇到烦心事时,她总能迅速调整好自己的心态,让自己的目光定格在身边一些美丽的事物上,比如鲜艳的花朵、蔚蓝的天空、朦胧的月光等,然后,做几次深呼吸,尽力让自己保持冷静。总之,她的心情、目光始终保持在最佳状态。

出人意料的是,《西德意志报》发展非常迅速,布洛斯特的经济状况也很快得到了改观。美女们如苍蝇般开始围聚在他的身边,但一向喜欢美女的布洛斯特已非昔时了,他的心已经有了归属——安娜莉瑟的谈吐优雅得体、言行稳重而不俗,她身上似乎天生就散发着高雅、温柔如水的气质,无论是她的笑容还是平时的姿态都是如此。

布洛斯特最终与安娜莉瑟结为伉俪。当女友们向安娜莉瑟取经

第九章 起舞职场：你的优雅，价值百万

时，她只是说了一句话："女人讲究的是阴柔之美，没有温柔婉约，就不能算是一个好女人。"

温柔能扮靓女人的绝世容颜。柔美的嗓音、柔美的身段、柔美的心灵、柔美的性情，它们有机地结合在一起，就构成了女人的一种无坚不摧的大美，一种强大无比的力量。

女人并不是天生感性的动物，她们完全可以像男人一样理智。一个能恰到好处展示自己威严的女人，会让人觉得既亲近又不可侵犯。她们善于在众人面前喜怒不形于色，摆出能驾驭所有人的气概。这样的女人既有女人的独特魅力，又有男人游走于职场的气概，事业成功近在眼前。

白领丽人日常职业形象礼仪

对于职场女性而言，保持良好的形象非常重要，这俨然已经成为职业竞争中不可忽视的一大因素，而要保持良好的职业形象，那么我们就不能不知晓一些形象礼仪的知识。大体上说，职业女性需要做好以下8个方面：

1.服饰端庄：不要穿得太薄、太透、太露，衣服上不要沾有脱落

的头发丝、头屑、保持整体的干净整洁，衣服的表面无明显的内衣轮廓痕迹。裙子不能太长，更不能太短；不能太宽、太松，更不能太紧；裙缝位要正。

2. 头发要保持干净整洁，显露自然光泽，不要使用过多的发胶；发型要设计的大方得体、高雅、干练，刘海不应遮住眼睛。

3. 化淡妆：眼睛不要描得太黑，粉不要大厚，唇以浅红为佳。

4. 指甲要精心处理，不能太长，更不能太怪、太艳。

5. 鞋要保持洁净，款式力求大方简洁，不要穿装饰过多、色彩复杂，或跟部太高太尖的鞋子，避免走路时发出过大的声响。

5. 不要佩戴太夸张、太突出的饰品，走动力求做到饰品安静无声。

6. 应保证丝袜无钩丝、无破洞、无修补痕迹，皮包中应随时放置一双备用丝袜。

7. 衣服口袋中只应放置一些小而薄的物品，避免使衣装轮廓走样。

8. 公司标志需佩戴在要求的位置上，私人饰品不可与之争夺外界的注意力。

第九章 起舞职场：你的优雅，价值百万

白领丽人职业装色彩搭配

职业女装穿着的环境主要以办公区域为主，这里空间有限，从心理学上讲，人们都希望能够获得更多的私人空间，所以，职业女装最佳的色彩选择应是低纯度色，这不仅会减轻拥挤感，也会在心理上拉近你与同事之间的距离。

那么，下面我们就为大家介绍几种低纯度色彩的衣物搭配：

1. 白色

事实上，白色可以与任何色彩搭配，不过要搭配得优雅精致，也着实需要我们花点心思。一般来说：白色下装配条纹式淡黄上衣，是非常柔和、非常有品位的色彩组合；象牙白长裤，配纯白衬衫，外着淡紫色职业西装，也是一种很不错的选择；象牙白长裤与淡色休闲衫配穿，也不错；白色褶折裙配淡粉红色毛衣，会给人以优雅温柔的感觉。

2. 黑色

黑色也是个百搭百配的色彩，将黑色与各种色彩巧妙搭配，都会别具风韵。譬如说，一条米色纯棉的休闲裤，配上一件黑色印花 T

恤，一双浅色的休闲鞋，会让你看上去风采迷人。

3. 蓝色

蓝色也同样很容易与其他色彩搭配。无论是近似于黑色的蓝，还是深蓝，均是如此，而且，蓝色还具不错的缩身效果。

在一些正式场合，黑蓝色合体外套，搭配白衬衣，会给人以庄重而又不失浪漫的感觉。

修身蓝色外套搭配蓝色的及膝短裙，再配以白衬衣、白袜子、白鞋，会让你的职场形象看起来轻盈秀丽。

蓝色上衣搭配细条纹灰色长裤，会塑造出一种素雅的职业形象。

4. 米色

不要以为米色就穿不出严谨的味道，比如，我们可以选一件浅米色的高领短袖上衣，再配上一条黑色的精致西裤，脚上踏一双黑色尖头中跟皮鞋，那就是精典的职业女性形象——含蓄而优雅，明朗却不耀眼。

5. 褐色

夏季，褐色上衣搭配褐色格子长裤；冬季，褐色厚毛衣搭配褐色棉布裙，通过二者的质感差异，可以表现出成熟女性特有的优雅风韵。

第九章 起舞职场：你的优雅，价值百万

日常工作汇报礼仪

作为上司，由于他所处的特殊位置，其本身就会有一种优越感。毫无疑问，每个上司都很看重下属对待自己的态度，他们自始至终都在捕捉一种东西——尊重。而对于他们来说，判断下属是否尊重自己的一个很重要的参考标准，就是下属在汇报工作时所表现出来的一言一行、一举一动，而一旦他认定下属的某些行为是对自己的不敬，他就会利用自己手中的条件来捍卫自己的"尊严"。所以说，作为职业女性，我们在汇报工作时一定要表现出该有的礼仪与尊重，我们必须谨记以下几点：

1. 要养成严谨的时间观念，不要过早抵达，更不要迟到。

2. 敲门力度要轻，得到上司允许后方可进门；切不可冒冒失失，破门而入，即便是门开着，也应在外面轻轻敲门，以适当的方式告诉上司自己来了。

3. 汇报时一定要注意仪表、姿态，要做到稳重端庄、落落大方、彬彬有礼。

4. 不要越级汇报，这是职场上的大忌。

5.汇报的内容要真实,不可报喜不报忧,甚至歪曲或隐瞒事实真相。

6.汇报时要吐字清晰,语调、语速、音量要掌握好,要言简意赅、条理清晰。

7.即便上司不拘小节,仍要以礼相待,不要大大咧咧。

8.汇报结束后,如果上司谈兴犹在,不要急于走开,不要表现出不耐烦的体态语言,应在上司表示谈话结束后,再向上司告辞。

职场女性,务必自尊自爱

由于性别原因,女性在职场上交往很容易引起别人的误解,所以,为了你的家人,当然更是为了你自己,女性朋友行走职场请一定注意"自重"这个词。

何为自重?就是要我们保持人格上的独立,珍视自己的名誉,不贪慕虚荣、自食其力。在言行举止的表现上,女性尤其应该端庄稳重、落落大方,不要举止轻佻,给人以可乘之机,或是引起上司的误会或是反感。

要知道,女性一旦失去了做人的原则,放弃了尊严,那她就成了

第九章 起舞职场：你的优雅，价值百万

权力的奴隶，这等于是将自己的人格自动降下了几个档次，以物价的尊严来换取那点可怜的物质享受，而且即便是享受，还要看人脸色，求人恩赐。到最后，更是输掉了一切。

曾有一个女大学生，看到同事们穿着高档，下班以后出入各种高档会所，心生艳羡；眼见同事步步高升，而刚入职的自己仅能在那个不起眼的职位上赚一点可怜的生活费，顿感无比失落。于是她决定走捷径以达到目的。

她开始有意地与接近上司，大献殷勤，暗送秋波，无良的上司看破她的心思，暗示她：只要答应和他在一起，就会提拔她。两个人就这样勾搭成奸。但若要人不知，除非己莫为，时间一久，二人的不正当关系便被揭破，上司的发妻当着众同事的面对女孩大加羞辱，上司也因此而被免职。这个女孩更是名誉扫地、无地自容，在巨大的心理压力下，竟然神经失常。

这是多么可悲的事情！作为一名知识女性，其实她完全可以通过自身的努力完成自己的职业目的，但她被虚荣心所控制，丢失了自尊、没有了自爱，竟然企图以身体来换取生活的安逸，结果自取其辱，这是应该让我们引以为戒的。作为职业女性，我们在与上司相处的过程中，应该具备独立、正确的心态，一定要做到自尊自爱，我们应该做到以下几方面：

1. 自食其力，凭本事吃饭

自食其力、独立自主，这永远是做人的正道。像寄生虫一样依附于人，你便没了做人的资格，而且一旦失去这个靠山，便无法生存。

女人必须明白，靠山山会倒，靠人人会跑，只有靠自己才最可靠的。

2. 坚守原则，别为虚荣所惑

女人要有自己的原则，要比男人更懂得洁身自好，不要因为贪慕虚荣而成为权力的奴隶，女人时刻要谨守自尊，它会使你变得冷静、平静，淡看繁华一时的物质景象。

3. 珍惜名誉

对于女性来说，名誉尤为重要，不管你愿意与否，社会对于女性名誉的要求就是要较男人高很多。事实上，很多女性的悲剧，就是因为一失足而造成的千古恨，名誉扫地，覆水难收。

俗话说："鸟儿爱护自己的羽毛，人爱护自己的荣誉。"职业女性应时刻保持自己的独立性，做到自尊自爱，这是对自己也是对别人最起码的礼仪。

低调处事，和谐相处

在职场中，女性要想实现双赢的局面，就要学会低调处事，和谐相处。

曾经有人说，人的本质是一切社会关系的总和。从人性的角度

第九章 起舞职场：你的优雅，价值百万

看，大多数人都有个性自主、被尊重、被赞美、交友和群体归属感等高层次需求。同事之间在考虑上述特性的同时，还应牢记：双方是几乎平等的个体。在处理同事关系时，以下做法值得借鉴：

忌向对方采用指令性强的言辞和行为，多用建议性、协商性的言辞和行为。

忌自作主张，替别人做决定，哪怕是不起眼的小事，多让别人感到是他自己在决策，哪怕结果与自己预料的相同。

古语云：礼多人不怪。只要别人出于好意，即使结果不如预期的那样，也要用"谢谢"代替责备。

不要吝于肯定别人，公开场合少发一点过激的指责，即使对方有过错或者方法欠佳，也可以用建议代替指责，使人保全自尊或"面子"。

学会谢绝别人并宽容地对待别人的拒绝。先感谢或道歉，后婉言谢绝。被拒绝时，也应坦然；每个人都是自主和独立的，不可能完全"同步"。

给予越多，获得越多。一般而言：主动帮助他人，大都会在自己陷入困境时获得帮助。

既有合作又有竞争，很多人往往在竞争面前损伤了过去的良好关系，因此要设法营造公开竞争的氛围，公开度和透明度越高，就越能取得他人的信服、谅解和支持。

作为润滑剂，善意的小玩笑和游戏以及轻松的闲聊能使同事之间的关系变得相对融洽。

职业女性也要有点"新"意

　　进入 21 世纪以后,人们口中提到最多的字就是"新",诸如新世纪、新时代、新经济、新风貌、新发展、新气魄、新跨越……可谓不胜枚举。的确,新世纪是知识经济的世纪,是一日千里的信息时代,在大时代背景下,生存竞争愈演愈烈,一个女人如果想在新世纪立足,就必须拥有创新精神,否则等待你的必将是被淘汰出局!

　　然而在大多数人看来,创新似乎只是男人的事情,与女人无关。其实不然,我们知道,在如今,世界已然不是只属于男人的世界,在各个领域、各行各业都有令人瞩目的巾帼英豪脱颖而出,她们所取得的成就甚至完全遮掩了男人的光芒,令无数男性为之汗颜。或许,我们并无法取得她们那样的成就,但作为新时代的女性,我们追求的是智慧、是独立,我们也要有属于自己的成绩,不是吗?所以说,在这个世界上,不光男人要去创新,我们女人同样要懂得创新。

　　有这样一位成功女性,她的名字叫张若玫,她是一位默默无闻的软件研究员,一位拥有无比创新意识的华裔女性。她从一个靠每月 125 美元奖学金在美留学的女孩,到成为华尔街交易模式的划时代变

第九章　起舞职场：你的优雅，价值百万

革者，最后变为世界创新权威……

26岁，张若玫博士毕业，进入贝尔实验室做研究员，她是实验室电脑所有史以来的第一位女性研究员。每天与世界顶尖的研究学者一起共事，既满心欢喜，又战战兢兢。在贝尔实验室的副总裁——诺贝尔奖获得者潘兹亚斯的一次内部演讲中，潘兹亚斯以自身的经验对新进的研究员说："不要墨守成规。"而这句话也成为影响张若玫最深的一句话。

有了这种创新精神的发挥空间，张若玫大胆探索与研究的生涯开始了。并于不久后，发表了专利"高稳定度多任务传输协议"，这是一种可以同时传送资料给不同使用者的技术，成为当时推动数据库与分布式系统的重要技术。

结束5年的贝尔实验室工作后，她于1984年进入硅谷，加入SUN公司，成为网络档案系统研究小组的创始成员。

在SUN，她与科技界有"AVA之父"、"科技天才"之称的派屈克·诺顿比邻而坐，在那里，她学到了最新的网络开发的技术。1986年3月，SUN上市成功，成为美国最红的公司。张若玫心中隐然升起一个自己出来创业的念头。当即，她便与曾任康乃尔大学教授、拥有柏克莱大学博士学位的夫婿离开了SUN，和几个人共同创办Teknekron。这是她首度创业，也是由科技人员转型为商人的第一个阶段。自此，张若玫的命运开始了重大转变。

创业之始，她帮高盛设计债券和外汇实时信息系统，将新闻、债券利率和汇率整合在一个大屏幕上，随时更新，让交易员和客户能更

快做出买卖决定。当时的华尔街采用的是路透社的系统，全部为硬件接入，操作麻烦，需要在显示屏幕上不断地切换各种信息频道。没有任何华尔街经历的张若玫，突然间有了一个想法：是否可以用软件去解决这个问题？

她开始为自己的想法尝试着去做，不久便开发出了一种新的交易工作站产品。

事实很快证明，就是这个技术的应用彻底改变了整个金融界的交易方式，革命性地更新了当时金融界的线上数据交易信息系统，改变了全球金融市场的资讯传输方式，使华尔街金融交易方式有了划时代的变革。

"事实上，我并不是为创业而创业，我只是每一步都觉得很好奇，然后就去做。做了以后才发现事情的价值。"

张若玫说，她是中国人，她的信心和决心都是中国人的血液赋予她的特性。但在美国一直创业了30年，她也受到了美国人思维的影响。因而她相信女人与男人一样是优秀的，只要她们善于发挥自己的性格优势，每个人都可以拥有一个幸福而成功的人生。

张若玫的远见卓识和创新精神，助她取得了一个又一个成功。她的永不墨守成规的创新性格与进取精神值得每一个渴望成功的女性学习。

事实上，竞争对所有人来说，基本是平等的，无论男人女人。社会环境宛如一条不断流淌的河流，时时都在动、都在变化。眼前的成功只是暂时的，任何成功的经验都不是一成不变的，你要想时刻处于

第九章 起舞职场：你的优雅，价值百万

成功的位置，就必须不停地否定自己，时刻督促自己进行变化、进行创新，否则后果将不堪设想。

让你的价值无可替代

女人，相对于男人而言，在职场中本就处于弱势。然而，随着社会的发展，职场又对人们提出了更高要求，它要求每一名职场员工，都必须具备良好的道德、忠诚度、专业技能……即，必须在综合素质方面表现突出。倘若你无法做到，很遗憾，你的职业发展必然会遭遇桎梏，你永远也不会成功！

那么，我们要怎样才能在职场上脱颖而出呢？其实不难，只要你能够承担起自己的职责，在工作中积极进取，恪守职业道德，你就会成为一名不可替代的人才，就会令老板割舍不下，你的价值、薪金、职位、团队影响力等，都会随之得到大幅提升。如此一来，你必然能够更快捷地实现自己的人生目标。

微软总裁比尔·盖茨的第一任女秘书是一位年轻貌美的女大学生，她除本职工作以外，对任何事都漠不关心。其实在盖茨心里，自己的女秘书应该是一位能够将后勤工作事无巨细全部揽下的"总管"，

因为他有太多重要的工作需要处理，实在不能再分心。于是，盖茨找来总经理伍德，要求他立即解聘现任秘书，并尽快为自己找到一位新"总管"。

伍德领命后，便开始了招聘工作。几日后，他在办公室一连向比尔·盖茨递交了几份应聘资料。盖茨看后摇头不语——他需要的不是"花瓶"，而是一位成熟干练、稳重心细的女秘书。

"难道就没有更合适的人选吗？"盖茨明显有些失望。见状，伍德很犹豫地递上一份资料，口中说道："她曾从事过文秘、财会、行政文员等后勤工作，只是年纪大了一些，而且已是4个孩子的母亲，恐怕会有家庭拖累……"

盖茨迅速扫了一眼资料，打断伍德的话："只要她能胜任工作，又不会厌烦琐碎的杂事就没问题。"

这位女士名叫露宝，当时已四十有二，应聘时对于自己并无信心可言。但这家公司有点怪异——别人招聘秘书都要求年轻靓丽、身材骄人，可他们却偏偏录用了一个"半老徐娘"。上任之初，丈夫曾在她耳边叮嘱："一定要留意公司月底能否发得出工资。"露宝对此未作理会，在她看来，一个年仅21岁的董事长在创业之初一定会遭遇诸多困难，她准备以一个成熟女性特有的细腻周到地去完成自己应尽的责任与义务。

比尔·盖茨的工作方法与常人大不相同，他几乎每天都要到中午才来公司，然后一直工作到午夜，偶尔还会在公司休息。因此，董事长在办公室的生活，也就成了露宝的重点工作内容，这使得盖茨受到

第九章 起舞职场：你的优雅，价值百万

一种来自母亲的温暖，同时也减轻了他对远方的家的思念。

此外，露宝在工作上也是盖茨的得力助手。盖茨是位谈判高手，但由于年纪太轻，在第一次会见顾客时难免会遭到质疑，他们弄不清眼前这位小个子男孩究竟是不是微软公司董事长。于是，常有电话打到公司进行询问，这时露宝会亲切地回答他们："请您注意留意，他看上去只有十六七岁，满头金发，戴着一副眼镜。如果你眼前的人就是这种形象，那就是我们董事长。所谓'人不可貌相'、'自古英雄出少年'嘛……"一番话语很快消除了对方的疑虑，为盖茨减轻了不少阻力。

盖茨是位工作狂人，因为微软距帕克机场仅有几分钟路程，为了尽量满负荷工作，他总是在时间即将到达时才匆匆起程。这样，偶尔难免要强行超车或是闯红灯，为此露宝担心不已，她屡次请求盖茨预留10几分钟去机场，而且一直加以监督。

在露宝眼里，公司就是一个大家庭，她对每一名员工、每一项工作，都怀着深深的感情。她负担起了公司大部分后勤工作，诸如发薪、接订单、记账、采购，等等。

潜移默化之中，露宝俨然成了微软的灵魂，为公司创造了巨大凝聚力，包括盖茨在内的所有员工，都对露宝产生了极强的依赖心理。在微软决定迁往西雅图以后，露宝因丈夫的事业不能同走，盖茨只得恋恋不舍地与她挥手告别。

3年后，时值1980年冬夜，西雅图浓雾笼罩。此时，盖茨坐在办公室中满脸愁容——他太需一名得力助手了。就在这时，一个"宛如

211

天籁"般的声音响起——"我回来了!"是露宝!她说服丈夫将事业迁到这里,而后一个人先行来到西雅图,因为她一直无法忘记与盖茨相处的时光。

露宝曾对朋友说:"一旦你与盖茨共事,就很难再离开他,他精力充沛、平易近人,这会让你工作得很开心。"

很明显,露宝用自己的行动赢得了盖茨的尊重与信赖,成为最令盖茨"割舍不下"的女人,亦成为了微软公司不可替代的一道风景线。

谁说女子不如男?女人绝不是职场上的弱者,其实,只要我们用心,就一定能让男人们对我们高看一眼。

第十章 爱情花语：
选择你所爱的，爱你所选择的

　　当我们懂得生活、懂得经营爱情和婚姻时，或许我们会有几许疲惫，因为我们的确要为家庭和家人操很多的心。但与此同时，我们一定会获得男人的尊重和爱情。相反，倘若我们不懂得去经营爱情和婚姻，只知道我行我素、随心所欲，那男人就会很累，当男人身心疲惫时，就意味着爱情与婚姻时时都有可能会崩溃。

我们该用什么衡量爱

爱是什么？它就是平凡的生活中不时溢出的那一缕缕幽香。

真正的爱情可以穿越外表的浮华，直达心灵深处。然而，喜爱猜忌的人们却在人与人之间设立了太多屏障，乃至于亲人、爱人之间也不能坦然相对。除去外表的浮华，卸去心灵的伪装，才可以实现真正的人与人的融合。

那年情人节，公司的门突然被推开，紧接着两个女孩抬着满满一篮红玫瑰走了进来。

"请茹茹小姐签收一下。"其中一个女孩礼貌地说道。

办公室的同僚们都看傻眼了，那可是满满一篮红玫瑰，这位仁兄还真舍得花钱。正在大家发怔之际，茹茹打开了花篮上的录音贺卡："茹茹，愿我们的爱情如玫瑰一般绚丽夺目、地久天长——深爱你的峰。"

"哇！太幸福了！"办公室开始嘈杂起来，年轻女孩子都围着茹茹调侃，眼中露出难以掩饰的羡慕光芒。

年过30的女主管看着这群丫头微笑着，眼前的景象不禁让她想

第十章 爱情花语：选择你所爱的，爱你所选择的

起了自己的恋爱时光。

老公为人有些木讷，似乎并不懂得浪漫为何物，她和他恋爱的第一个情人节，别说满满一篮红玫瑰，他甚至连一支都没有买。更可气的是，他竟然送了她一把花伞，要知道"伞"可代表着"散"的意思。她生气，索性不理他，他却很认真地表白："我之所以送你花伞，是希望自己能像这伞一样，为你遮挡一辈子的风雨！"她哭了，不是因为生气，而是因为感动。

诚然，若以价钱而论，一把花伞远不及一篮红玫瑰来得养眼，但在懂爱的人心中，它们拥有同样的内涵，它们同样是那般浪漫。

爱，不应以车、房等物质为衡量标准；在相爱的人眼中，不应有年老色衰、相貌美丑之分。爱是文君当垆卖酒的执着与洒脱，爱是孟光举案齐眉的尊重与和谐，爱是口食清粥却能品出甘味的享受与恬然，爱是"执子之手，与子偕老"的生死契阔。在懂爱的人心中，爱俨然可以超越一切的世俗纷扰。

当一生的浮华都化作云烟，一世的恩怨都随风飘散，若能依旧两手相牵，又何惧姿容褪尽、鬓染白霜。

爱已尽，不挽留，不强求

世界上最遥远的不是天涯，不是海角，是心灵的距离。当两颗曾经贴近的心灵再也感觉不到温暖时，爱情便走到了尽头。爱走了，就不必强留，愈留愈受伤，愈留愈痛苦。

她，还很年轻的时候，就已经察觉到老公在外面有了别的女人，当时，她几乎都要崩溃了。令人未曾想到的是，她竟然把这件事强忍了下来，她的理由就是，"为了孩子"。为了孩子，她选择自己欺骗自己，就当这件事没有发生过，或者说就当自己没有发现过，继续维持着家庭的生活。但是，她毕竟是个有血有肉的人呀！长期生活在这样不幸的婚姻当中，压力、空虚和心理上的不平衡不断地冲击着她，当心理的承受能力达到极限时，她就会拿无辜的孩子来撒气，再到后来，甚至一想到这些事情，就乱骂、乱打孩子。无辜的孩子，常常就莫名其妙地遭了殃。而且，她还时常当着孩子面，用恶毒的语言讽刺、咒骂、攻击她的丈夫。长期生活在这样的家庭环境下，最后，孩子的精神也跟着崩溃了。

现在，她上了年纪，孩子也已经长大了。但是，可怜的孩子也

第十章 爱情花语：选择你所爱的，爱你所选择的

变"坏"了，他感觉不到爱，也学不会宽容和爱，他的世界观、价值观、道德观都偏离了正确的轨道，说话和做事的方式非常极端。家里的亲朋好友也曾尝试和孩子去沟通，他给出的答案是："在这样一个没有温暖的家庭，谁管过我的感受？他们两个人三天一小吵，五天一大吵，谁真正用心关心过我？甚至还拿我当出气筒！他们之间出了问题，难道我就必须要受罪吗？他们生我出来，难道就是用来撒气的吗？亲生父母都这样，我对这个世界失望了。我只不过是为了自己而活着。"

看到孩子的状况，她终于清醒过来，认识到并能够真正去面对自己的错误了。可是，在她愿意放下自己心里面的固执，愿意去办离婚时，当初那个乖巧懂事的孩子却无论如何也回不来了，他不肯原谅自己的父母。她很想去补救，可是孩子根本不给他们机会，他对他们已经绝望了。可怜的她，在痛苦中生活了这么多年，已近暮年，幡然醒悟，可是，她又能否享受到儿孙承欢膝下的天伦之乐呢？

明知道是痛苦的生活模式，却固执地选择坚持，到最后，非但自己痛苦不堪，也间接连累他人痛苦异常，不是吗？这是她犯下的最大错误，毁了自己，也毁了自己爱及不爱的人。

所以，当我们认识到，有些事情已经不能勉强、无法挽回的时候，不如问问自己：我干嘛不放手呢？很多时候，感情也好，婚姻也好，其他的事情也好，明明知道接下来的坚持，会对自己或是别人都造成一定的伤害，我们还要不要一门心思犟到底呢？是不是就算伤害人也在所不惜？那么别忘了，你自己也会遍体鳞伤的！生活中的很

多事情都是需要放手的,换个方式处理问题,也许真的就海阔天空了呢!

还有更好的人等着你

人生最怕失去的不是已经拥有的东西,而是失去对未来的希望。爱情如果只是一个过程,那么失去爱情的人正是在经历人生应当经历的过程,如果要承担结果,谁也不愿意把悲痛留给自己。要知道,或许下一个他(她)更适合你。

张默默花龄之际爱上了一个帅气的男孩,然而对方不像张默默爱他那样爱自己。不过,那时的张默默对爱情充满了幻想,她认为只要自己爱他就足够了,自己只要有爱,只要能和自己爱的人在一起,这一辈子就是幸福的。于是,情窦初开的张默默不顾闺蜜劝说,毅然决然地嫁给了那个男子。然而,婚后的生活与张默默对于爱情的憧憬完全是两样,从结婚那天起,张默默的幸福就宣告终止了。她的丈夫爱喝酒,只要喝醉了就对她拳脚相加,即便是在外边惹了气,回到家中也要拿她来撒气。2年以后,张默默产下一女,丈夫对她的态度更不如前,就连婆婆也对她骂不绝口,说她断了自家的香火。

第十章 爱情花语：选择你所爱的，爱你所选择的

后来，丈夫又勾搭上了别的女人，终日里吵着要离婚，最终张默默忍受不了屈辱，签下离婚协议书，带着不足3岁女儿远走他乡。

时已年近30张默默虽然被无情的岁月、困难的命运褪去了昔日的光鲜，却增添了几分成熟女人的韵味，依旧展现着女人最娇艳的美丽。于是，便有媒人上门提亲，据说对方是个过日子的男人。张默默因为想给女儿一个完整的家，所以当时并没有考虑对方是不是自己爱的人，没有多问就嫁给了那个叫丛宏伟的男人。

过门以后张默默才发现，那个男人长得又黑又丑，满口黄牙，而且他的所谓手艺也只是顶风冒雨地为人修鞋而已。见到丛宏伟的那一刻，别说爱上他了，张默默心中甚至有一种上当受骗的感觉，但是她知道，自己已经没有任何退路了。

然而，就是这样一个不起眼的丑男人，却让她深切体会到了男女之间真正的爱情。

结婚之后，丛宏伟很是宠她，不时给她买些小玩意儿，一个发夹、一支眉笔……有一次，甚至还给她带回了几个芒果。在以往近30年的岁月中，张默默从来没有用过这些东西，更不用说吃芒果了。

在吃芒果的时候，丛宏伟只是傻傻地看着她，自己却不吃。张默默让他："你也吃。"他却皱眉："我不爱吃那东西，看你喜欢吃我就高兴。"后来，张默默在街上看到卖芒果的，过去一问才知道，芒果竟要20几元一斤，她的眼睛瞬间红了起来。

那么香甜可口的东西他怎么可能不爱吃？他是舍不得吃呀，是为了让她多吃一些啊！

爱情不是一次性的物品，用完了就不能再用。那段逝去的感情或许只是宿命中的一段插曲，那个不再爱你的人应该只是宿命中的过客而已。上天对每个人都是公平的，他为你安排了一段不完美的爱情，或许只是为了了结前世的孽缘，而真正爱你的人，一定会在不远处等着你，只要你不放弃。

其实，现实里，没有人是像电影小说、流行歌曲所形容的那样幸福地可以恋爱一次就成功、永远不分开的。大多数人都是经历过无数的失败挫折才可以找到一个可长相厮守的人。所以，有一天当失恋的痛苦降临到我们身上时，不必以为整个世界都变得灰暗，理智的做法应是给对方一些宽容，给自己一点心灵的缓冲，及时进行调整，用新的姿态准备迎接在不远处等着你的那个人。

用真情去经营婚姻

家里的事情，总是繁杂琐碎，夹杂着我们作为一个人的欢喜、愤怒和忧愁。当我们走进了婚姻的殿堂，和一个男人相依相伴的时候，肯定会遇到这样或那样的问题。但不管怎样，女人们一定要记住，只要你用真情去经营生活，就一定会获得生活给予你的意外回报。

第十章 爱情花语：选择你所爱的，爱你所选择的

张晗和许印认识已经有两年的时间了，两个人相处得还不错，于是，在2009年的春天他们走进了婚姻的殿堂，过上了自己幸福的小日子。

刚开始的时候生活还比较和谐，但慢慢地两个人都发现了对方的很多毛病。张晗每天起来就习惯坐在穿衣镜前"相面"，一会儿看看这件衣服，一会儿试试那件衣服，然后还要化上一小时的妆。对于做饭炒菜这样的事情她总是躲得远远的，嘴上还振振有词："这么脏，我可不干。"许印呢？回来以后就把袜子、衣服到处乱扔，然后慵懒地躺在床上，什么也不干，而且还有一个让张晗难以忍受的坏习惯，就是他上完厕所以后经常忘记冲马桶。就这样，两个人经常为一点鸡毛蒜皮的小事吵架。许印抱怨张晗就知道臭美，自己回家连一口热乎饭都吃不上；张晗怪罪许印不讲卫生，把家里弄得到处都是脏兮兮的。两个人经常争得谁也不让着谁，都觉得自己有理，时间一长感情也就越来越不好了。

一次许印和张晗又吵架了，两个人仍旧是互不相让，弄得许印一气之下出去找朋友喝闷酒，张晗一个人在家里对镜哭泣。万般无奈之下，她拨通了妈妈的电话诉苦，听了张晗一连串的抱怨，妈妈劝慰她说："孩子，你们需要的是彼此适应，相互改造。有句老话说得好，过日子哪有勺子不碰着锅沿儿的？当初我和你爸爸结婚的时候也没少吵架，但慢慢就彼此适应了。你们现在年轻，还是经历的太少，你们要学会彼此宽容和忍耐，才能安安生生地过日子。既然你已经嫁给了他，就要学会适应他，不要总过分地去与他争吵，时间一长会影响你

们之间的感情……"听了妈妈的一番教诲，张晗也耐心想了好几天，父母之所以能一起度过大半辈子，相扶到老，主要就在于他们彼此的包容和理解，妈妈说的话很有道理。

就这样，张晗开始学着适应许印的一些习惯，许印看到老婆不再和自己争吵，也自觉地开始发生改变，不再把衣服、袜子到处扔了，也知道冲厕所了，每天回来还能吃上媳妇做的饭，两个人过得越来越和谐，争吵也慢慢减少了。

所谓"家家都有本难念的经"，作为女人，我们或许觉得保持家庭和睦关系真的不是一件容易的事情，夫妻之间要想避免口舌之战，需要我们拥有很宽宏的气度。这真的是一门很高深的学问，需要我们用自己的一生去学习、实践。然而令我们困惑的是，随着结婚年限的增长，很多女人反而越来越感受不到家庭的温暖和夫妻之间的温情，还有的夫妻更是难以逃脱婚姻"七年之痒"的魔咒，让期望中的夫妻恩爱和家庭幸福逐渐变成了不堪重负的精神枷锁。

其实，当我们将谁对谁错统统抛开，用微笑和宽容去接纳对方，理解对方，你就一定能够发现，原来生活还是很美好的，自己的爱人也并不是完全一无是处，整个婚姻也会在彼此改变中变得更加温馨、更有味道。

第十章 爱情花语：选择你所爱的，爱你所选择的

在外大女人，回家小女人

其实男人与女人之间，不仅仅是生理结构不同，其思维方式和行为模式也有所差异，所以有些工种适合男人做，而有些工种只有女人做才更合适，居家过日子也不例外，男人女人应该梳理好自己的家庭角色，各司其职，这样家才更像个家。而且从另一方面说，男女搭配做家务，不仅事半功倍，而且每一句玩笑话、温馨话、每一个温柔的眼神，都能消磨掉那些倦怠和疲劳。

雪儿和刚子就是这样的一对，他们从来都是分工明确地操持家事，刚子负责需要力气或有一定危险性的活儿，比如擦地、维修家用电器的小毛病等。雪儿则负责家中需要细心和耐心的家务活儿，比如做饭、洗碗、洗衣服。白天各自奔赴自己的工作岗位，奋斗拼搏，晚上回到家哼着小曲儿，各干各的家务活，谁都没有怨言，小日子过得其乐融融。

刚子总是得意地说，有这么一个出得厅堂入得厨房的好媳妇，你想有外遇都难！的确如此，其实男人是一种很有惰性的动物，他们懒、又怕麻烦，只要家里的让他感到心满意足，他就绝不浪费时间精

力金钱再重新建立一段感情，除非他还很幼稚。所以有时，要是家里的那位厌烦了你，你就应该先审视一下自己了！

只不过，现在很多女人都不屑于做家务事，她们自诩为"大女人"，现如今"大女人"这个词似乎颇为流行，所谓"大女人"大多是指精明能干的女强人，她们驰骋商场，呼风唤雨，在工作上出类拔萃，即使感情受到挫折，也以最自信的姿态出现在众人的面前，很多女人都喜欢这个样子，即使在老公面前也不例外。而与之相对的就是"小女人"，小女人能力有限，每天正点上下班，接孩子，给老公做饭，休息时间操持家务。

现如今经济独立的女人越来越多，——她们与男人一样在事业上打拼，独立、精明、大气而且能干，无论手段还是气势丝毫不输给男人。不仅身居高职，拿着不菲的薪水，而且颇受领导赏识。我们称这些女人为女强人。她们完全打破了传统的男主外女主内的传统观念，仿佛要与男人争那另半边天，尽管在事业上许多男人不得不佩服她们的机智和作风，但是很少有男人愿意找一个这样的女人做伴侣，他们无法忍受一个比自己还强的女人，那会让他们感觉不到自己被需要。

但是综合现在的社会情况，居家的女人毕竟是少数，不过一个女人在单位里可以是横眉冷目的主管，但是在家里还是妻子、是母亲，没有必要用"将军命令士兵"般的口气与你的丈夫说话。虽说结婚前他曾说过愿意为你当牛做马，但你就真的拿男人当牛马使唤吗？当然，我们其实还是建议现代的女性有自己的事业，有自己的社交圈子，有自己的天空，但是如何让自己的地位转换得到平衡，是对男人

第十章 爱情花语：选择你所爱的，爱你所选择的

的尊重，也是作为妻子应该尽的责任。

所以当你下班在家里时，不必依然摆出高姿态，这让自己多累？！你完全可以依偎在你丈夫身边撒撒娇，与丈夫一起打理家务，你这样做又有谁会笑话你呢？同时，你也会让丈夫感受一下可以被依靠，可以保护你的大男人的心理，这难道不是很好吗？

其实做个小女人是很幸福的事情，你可以有很多幻想，可以活得轻松浪漫，可以给自己的偷懒找出N多个理由，可以聪明地装糊涂，也可以体贴入微地照顾别人，感受一下关爱别人的快乐，还可以撒娇地让别人来照顾你。这个时候你是妻子，是你丈夫的宝贝，不是严厉的经理，也不再是面对你的下属。

其实许多"大女人"也并不是真的就想做个"大女人"，每个女人的骨子里都有"小女人"的情怀，只是她们的生活环境和方式以及现在的地位不允许她有丝毫的松懈，只能上紧发条不停地做事。不过你要知道，这个世界是由男人和女人组成的，上帝已经分配好了让他们各司其职。那些体力劳动和辛苦的工作就交给男人去做吧！女人看守好你自己的这片后方净土，同时做一些你喜欢做的事情。如果因为生活的原因你不得不与男人一样辛苦，请自我调节，让自己不要那么强悍，也许你成功的机会会更大。如果你已经成功了，维护好你的爱情和家庭，别让自己太累，别让你的丈夫感觉到家里缺少了应有的"女人味"或者"母爱"，不要把家当成你的办公室，这样你才能获取事业、爱情双丰收！

懂得包容爱人的坏情绪

在高速发展的经济社会,男人所扮演的角色越来越重,他们所要承担的压力也越来越大,几乎每个男人都不可避免地莫名烦躁,而几乎每个女人又都希望自己的男人能够成功,她们愿意做成功男人背后的那个女人。可是,男人在走向成功之前,无一例外地都要经受些许挫折,而作为亲密的伴侣,我们此时该怎样做呢?

这里有几位女性朋友的经验之谈,大家一起来看一下:

洋洋之前总爱沉溺在二人世界中,她因此被朋友们指责为重色轻友,而如今,她似乎对"回家"这事越来越有所顾忌。"每次我一回到家,第一件事就是通过老公的语气揣测他当天的心情。"洋洋说,"近来,他忽然变得爱唠叨起来,所有的烦心事全都要向我汇报,就好像我是万能的上帝,可以帮他解决一切问题。你说他是不是有什么心理问题啊?"

我们来帮洋洋分析一下,其实她的老公并没有心理问题,因为绝大多数人在结婚以后,都有向配偶倾诉不快的习惯,这就好比家中的垃圾堆积到一定程度就必须清除一样。只不过,这个社会普遍认可

第十章 爱情花语：选择你所爱的，爱你所选择的

女人向男人倾诉的行为，而男人一旦"絮叨"起来，就会被看作是懦弱、没男子气概。但事实上，在今天这个压力空前的社会中，承受着更多压力的男人或许更需要一个家庭内部的"精神垃圾桶"。毫无疑问，这个"垃圾桶"只能是作为伴侣的你。又或者说，你希望他跑去向别的女人倾诉？

燕燕的老公就很喜欢向她"倒垃圾"，而她也乐此不疲。

"有时候我都觉得他特烦，芝麻绿豆一点的小事，比如今天跟同事说了些什么，他回来以后都要原原本本地告诉我。"燕燕说，"不过有时我也确实能够从中得到乐趣，比如我给出的建议他一般都会虚心接受，这个时候我就会觉得自己挺重要的。"

和燕燕不同的是，亚楠的老公也是个每天都要向老婆"倒垃圾"的人，可是他每天倾倒的都是同一种东西——坏情绪。

"有时我会觉得很可怕，"亚楠说，"当他阴着一张脸回来，什么也不说的时候，我就知道又要开始了。"这时候，亚楠这位"坏脾气"的先生会看什么都不顺眼，找茬与亚楠吵闹，几轮交战以后，他才会将自己的烦心事倒出来，而每每"倒过垃圾"以后，他的坏脾气就烟消云散了。

或许每个女人都曾遇到过这样的情况，而大多数女人也愿意给予积极的回应，隐藏在女性内心深处的母性会让她们不自觉地充当起红颜知己甚至是母亲的角色，希望能够从感性和理性两个方面给予老公最大的帮助。

就像上文提到的燕燕那样，当老公心情不好，在压力面前无所适

从时,她会感到心痛,也会受到感动,因为她能够从中体会到老公的信任与依赖,于是她会尽可能地为他提供帮助——耐心地倾听,诚挚地安慰,与他一起想办法,甚至会一连讲两三个小时的笑话逗他开心。

然而即便是这样,垃圾桶也总会有满的时候。

"后来就会觉得有些烦,"燕燕说,"当初结婚最大的愿望就是两人能开开心心在一起,可现在变成了在一起'找不开心',真让人无奈。不过再想想,正是因为他把你当作最亲的人,才会对你一吐为快,这就让我觉得很矛盾。"

事实上,这就是典型的"垃圾桶"满了之后的反应,这个时候我们就应该及时调节,将沉积的垃圾清理出去,否则,当我们自己承载不了时,便会爆发——温良贤淑的我们会开始不胜其烦,对老公进行冷处理,甚至叫他们闭上嘴。这样一来,老公真的很有可能就闭上嘴了,干脆成了哑巴,几脚也踹不出一句话来。到那时,你又要心烦了。

是的,一个家中总要有一个"垃圾桶",给予家人适当的情感宣泄的机会,当男人焦虑苦闷之时,女人在这个时候需要做的就是,一如既往地相信他、爱他,并耐心倾听他的诉说,让他把苦闷、愤怒宣泄出来,即使他不经意对你发了脾气,也不要太过追究,你此时此刻要做他最好的倾听者。当然,如果说是一个合格的垃圾桶,那么光有倾听还是不够的,作为伴侣,我们有必要、也有义务对男人的情绪进行疏导,我们应尽量表现出一种稳定成熟的情绪状态,像对待自己的

第十章 爱情花语：选择你所爱的，爱你所选择的

好友一样，与老公平等地交流，给予他一定的空间，让他将真实的自己表现出来，同时为男人找到一个适当的情绪宣泄点，合理地加以疏导。

最后，再给大家提一点建议，当我们在耐心倾听、疏导男人的情绪以后，可以试着帮他们走出低谷，在适当的时机用适当的话语，提出自己的看法，帮他们寻找一条出路，但切记：无论如何不要说那些伤男人自尊的话，也不要干预到男人的事业，那是非常不明智的。

永远做爱人忠诚的支持者

当自己的老公遇到挫折的时候，当他遇到了两难的选择，内心在作挣扎的时候，当他要向事业的更高峰进军的时候……你是否在背后支持着他？

可以说男人并不是时时刻刻都如人们想象的那样坚强，在他刚刚经历了挫败或在艰苦的环境中挣扎的时候，他也需要有一个人来支持他、鼓励他，这点对于身为妻子的你尤其值得注意。

有时男人就是个孩子，无论外表怎样坚强，他的内心都是柔软脆弱的，需要你的安慰抚摸，需要你温柔肯定的言语。可是，当他带

着期望回家,迎接他的却是妻子皱着眉头的脸和不停的唠叨与埋怨:"王姐的老公都升职了,你什么时候……"当他带了一束玫瑰回家,妻子却漫不经心地丢在一边,开始谈论阿芳新买的钻戒多么漂亮;当女人不再感激男人的付出,甚至有些鄙视他的心意时,男人还会渴望回家,还会觉得家是温暖的港湾吗?不难想象,其后果是严重的。

现代社会,竞争和压力无处不在。男人为了事业、为了家庭打拼,再多的苦和累,他们都默默地承受;再多的委屈和辛酸,他们也深埋心底。他们唯一的渴望就是在拖着疲惫的步伐回到家里的时候,老婆真诚地对自己说一声:"你辛苦了。"这会让他感到温暖和幸福,让他的疲劳消失殆尽。当男人情绪低落时,当男人的事业不如意时,他的心情难免会烦躁,那证明他是一个有责任感的男人,这时你的奚落会让他觉得很没面子,也会觉得你看不起他,影响你们之间的感情,当你安慰他的时候,一定要把握好这个度,不宜多说,但也不要默默地一言不发。

很简单的一句话:"老公,你是最棒的。咱不着急,失去你那是他们的损失。"表达的是你对他的理解和尊重,还有对他深深的爱和浓浓的情。换来的是老公的东山再起和对你更深沉的爱。

聪明的女人会由衷地支持与崇拜自己的老公,并相信他是世界上最棒的!

第十章 爱情花语：选择你所爱的，爱你所选择的

让褪色的婚姻重现幸福

或许我们即将，或正在与7年、10年之痒做斗争，但是这些"N年之痒"绝对没有想象中那么可怕，只要我们经受住时间的考验，慢慢地磨合，那么我们的婚姻肯定能安全度过这些"N年之痒"。其实，夫妻感情归于平实是"N年之痒"的主要原因。人们对事物的珍重，往往在追求它的过程中显得更突出。爱情也是这样，在追求异性的过程中显得无比的热情和急切，一旦修成正果就会有所冷淡。

结婚之后，夫妻往往不像恋人那样相互亲热和富有吸引力了，双方都感到过去的爱情丧失了一部分。有人说，婚姻是爱情的坟墓，就是对这种现象的夸大。作为一种很普遍的现象，婚后爱情的淡化与异性的新奇感的消失密切相关。一般说来，在结婚之前，恋人往往期待着结婚，寄予结婚以十分美好的希望，憧憬着婚后的幸福生活。结婚以后，希望得到的都得到了，新奇感也就没有了。

婚后爱情的淡化还与婚后夫妻双方注意力的分散和转移相关。在恋爱阶段，恋人都是聚精会神地与对方交往，以各种亲密的方式传送和接受爱。新婚蜜月阶段也是这样，可是，蜜月之后，夫妻的注意力

分散了：要工作，要考虑吃、穿、住，要应付各种社会关系，要赡养长辈等。特别是有了小孩以后，妻子为生活而操劳，丈夫为生计而奔波，这样，夫妻之间就很难有恋爱时那样多的甜蜜交往，更不如新婚时那样兴趣盎然。因而，有的人不免觉得感情冷淡，若有所失。

其实，种种社会伦理关系尽管冲淡了夫妻之间直接的情感交往，但中介性的交往却时时刻刻在进行着，中间绳索把两人拴得紧紧的，如果是现实主义者则会感到爱在加深。比如夫妻间的相互关照、对孩子的教养、家务的操持等都是爱情的现实表现，通过这些活动可以帮助、体贴对方，加深感情。爱情并不在于说多少爱的呓语，而是要见之于行动。正如车尔尼雪夫斯基所说的那样："爱一个人意味着什么呢？这意味着为他的幸福而高兴，为使他能够更幸福而去做需要做的一切，并从中得到快乐。"

尽管结婚之后，好奇心满足了，注意力有所转移和分散，但爱情并没有完结，爱的表现方式更多了，爱的体验更深了。一个方面的因素没有了，另外诸方面可以到来，甚至还会更充实、更全面、更牢固，问题在于每一个人能否体会到这种生活的乐趣。一个会生活的女人，也就是奋力追求爱并真正懂得爱的女人，对种种输出和输入的形式，她都能适应，并加以发展。这些女人会在婚姻中注入一些浪漫，让"N年之痒"不再麻烦。

我们来看看下面这个故事：

妻子诞下麟儿以后，原本的甜蜜便日渐淡化，他们白天要工作，晚上又要照顾孩子，忙得不可开交，渐渐地，话越来越少。

第十章 爱情花语：选择你所爱的，爱你所选择的

敏感是女人的天性，她首先意识到了二人间潜伏的危机，于是，她对丈夫撒娇："我有一个要求。"

"要求？是什么呢？"丈夫有些好奇。

"每天抱我一分钟。"

丈夫看了她一眼，坏笑："老夫老妻，有这必要吗？"

"我既然提出这个要求，就证明它是有必要的；你做出这样的回答，就证明它更有必要。"

"情在心中，何必露骨地表达呢？"

"假若当初你不表达，会娶到我吗？"

"怎能相提并论？当初是当初，现在我们不是爱得更深沉了吗？"

"不表达未必就是深沉，表达未必就是做作。"

二人互不相让，不久便吵了起来。最后，为了平息这场"战争"，男人首先做出妥协。他走到床边，将妻子抱在怀中，笑道："你这个虚荣的女人。"

"在爱情面前，每个女人都是很虚荣的。"她说。

此后，无论多忙，他每天都会抱她一分钟。慢慢地，二人的关系发出了新芽，他们心中弥漫着一种新的甜美与幸福。即使常常相拥无语，但此时的沉默与彼时的沉默，在情境与意味上，显然有着天壤之别。

那一日，女人要去南方出差，临上飞机时，她对他说："这段时间，你可以解脱了。"

他赧然一笑，露出大男孩的神情："我会想你的。"

果然，她刚刚走出机场，就接到了丈夫的电话，一瞬间，她心中激起了阵阵暖流……

其实，夫妻生活中不可能没有矛盾，生活习惯、思维方式、为人处世等各方面不可能都一致，这就不可避免地会导致矛盾。建立于爱情基础上的家庭也会时常有矛盾发生。两口子过日子鲜有不磕磕碰碰的。家庭中的大小矛盾，或多或少，或轻或重都影响到夫妻感情。夫妻之间的矛盾根源何在？夫妻的矛盾心理有何表现？怎样克服这些矛盾？是每一个成家立业者都应特别关心的问题。细细想来，"N 年之痒"实际上就是婚姻生活中的某一段时期处于低谷期，就像人的情绪有高潮有低谷一样，只要我们正确看待和面对这段低谷期，把它看成我们生活中的调味品，我们的生活就一定会丰富多彩？生活本来就不会一直风平浪静，只要我们怀着一颗盛满爱的心，用真情、真诚去面对一切，我们的婚姻生活一定会一直幸福甜美。

不时吃点醋，酸酸甜甜都是爱

女人都是爱吃醋的，这也是女人的一种天性。女人是敏感细腻的、多愁善感的、依赖性强的，因而注定了我们在对男人无微不至的

第十章 爱情花语：选择你所爱的，爱你所选择的

关注中极易醋海翻波。这种酸味弥漫在我们生活的每一个角落，譬如看到男友与其他女孩一起说笑了，我们会噘嘴不高兴；譬如我们在与男友牵手逛街时，发现他斜视某位火辣妹子了，我们会狠狠掐他；譬如男友带着我们去为别的女孩庆生，我们也会泛酸……

其实泡在醋坛子中的女人，往往是醋劲越大，爱之越深，这很容易理解，因为爱情都是自私的，女人吃醋，根本的原因还不是在乎男人吗？换言之，假如一个女人对男人的灯红酒绿、花天酒地漠然视之，那么爱也就不存在了，这又何尝不是男人的悲哀？所以我们说，只要有爱，就会吃醋，就像一位作家所说的那样："吃醋是世界上最绝对的一种感情。花花世界，女人吃醋，男人也酸，大家一同大吃其醋，醋海兴波，酸不溜秋，不亦乐乎！"而赫尔岑也认为："世界上很难找到根本不吃醋的人，只不过吃醋的程度不一样罢了。要想根除醋意，除非消灭男女之间的爱情。"

其实说到爱情与吃醋之间的相依相傍，这里还有一些故事：

据说，唐朝时太宗皇帝几次要赐给房玄龄美女，都被房玄龄谢绝。太宗派人明察暗访，方知房玄龄惧内，于是便派长孙皇后去劝说房夫人，后来又安排太监送去一壶"酒"，并叫送"酒"的传话：如不同意房玄龄纳妾，便请房夫人服"毒"自尽。谁知房夫人听罢传话，一言不发，端起"毒酒"一饮而尽。房玄龄得知夫人宁死不从，大为感动，却不料夫人并没有死去，原来太监送去的不是毒酒，而是一壶醋，是唐太宗用来吓唬房夫人的。唐太宗见房夫人意志坚决，房玄龄也没有要纳妾的打算，也就打消了送美女的念头。

235

　　这是一段吃醋的典故，在《阁知新录》中还有一段颇为有趣的"吃醋"出典。文章中说："世以妒妇比狮子……狮子日食醋酪各一瓶，吃醋之说本此。"古人在喂养狮子的时候是否真的加醋，我们不得而知，而将妒妇比作狮子，这是因为苏大学士的一首打趣诗。当时，苏东坡被贬黄州，常与好友陈季常"琴棋书画诗酒花"，有时甚至深夜不散。陈季常的妻子性悍而妒，宴席上如有歌女献艺，陈妻便用木杖在隔壁用力敲打墙壁，大声叫闹，满座宾客好不尴尬，只好扫兴而去。为此，苏东坡题诗一首调侃他："龙邱居士亦可怜，谈空说有夜不眠。忽闻河东狮子吼，柱杖落手心茫然。"因为陈季常的妻子是河东郡人，吵闹的样子好像狮子吼叫，所以苏大学士美其名曰"河东狮吼"。

　　但不管是"吃醋"也好，"狮吼"也罢，这酸酸的味道之中无不含着几分甜甜的爱意。当年一部《红楼梦》，满纸都是酸女人。"我为的是我的心！"这是多愁善感的林妹妹发自肺腑的醋意，也只有贾宝玉那样在女人堆中长大的男人才能懂得品味，轻轻一句"你放心"，就中和了林妹妹的酸楚。由此可见，将"醋"用在爱情上，它不光是调味品，甚至还是营养品，"醋"味虽然是酸的，但在懂得爱情的人眼里，它的味道其实是甜的。

　　事实上，不光恋爱时要吃醋，我们的婚姻生活也很有必要加点醋。否则，很有可能在柴米油盐酱醋茶中淡化了爱情，断送了两人的幸福。而且，不管你是偷偷摸摸地吃醋，还是正大光明地吃醋，但凡有极具威胁且已初具苗头的嫌疑女出现，那么醋不仅要吃，还要狠

第十章 爱情花语：选择你所爱的，爱你所选择的

吃，让你酸酸的醋意将他不轨的意图融化在萌芽状态。

显而易见，女人吃醋，是不怀任何恶意的，这是满满的爱的独特表现。女人吃醋时那种神态，那种酸酸的味道，往往令男人们回味无穷。女人假装动个小怒、发点小脾气、杏眼圆睁，小嘴上翘，似乎绝不罢休，但其实只要男人几句好话，目的达到了，女人就会霎时由阴转晴，破涕为笑，粉面桃花了。这是多么令男人无奈又享受的伎俩啊！

不过，无论以哪种方式吃醋，一定要记住，吃什么样的醋、需要吃多少醋，心里要有个数，我们都要做到吃进去的是醋，散发出来的都是暖暖的爱！ 就像聪明的女人那样，在醋海翻波的同时，总是不忘记乘机在其中加些调味品，比如找个理由，让醋坛子倒地时发出的那种刺耳声音，变得那么悦心悦耳，以至于使男人不由自主地产生一种愧疚感，从此对自己更是爱护有加。

换言之，吃醋虽好，但度一定要把握，要巧吃醋，而不要滥吃醋，这其中的讲究还要对大家说一说。

首先，不能假装不吃醋。

有些女人个性很强，明明自己心底酸得要命，却偏要摆出一副满不在乎的样子。这会让男人感到很痛苦，因为你的行为表示你不在乎他。其实男人需要的并不是一个各方面都很坚强的女人，而是一个生动的、活灵活现的女人，假如你能够将自己的酸味恰当地、合理地表现出来，让男人知道你很在乎他，你很爱他，这种调剂就会让你们之间更加爱意浓浓。请记住，假装不吃醋的女人在外人看来可能是个好

女人，但在心爱的男人面前未免显得冷血和不生动。

其次，不能天翻地覆。

这世界上还有一些女人，她们的酸味较一般人要强烈很多，只要稍稍不满意，她们便醋漫金山，乃至一哭二闹三上吊，弄得鸡飞狗跳、天翻地覆，令男人万分尴尬又生不如死。这真的有些过了，其实吃醋的本意是源于在乎和爱，但如此一来，爱反而被淡化了，男人甚至会因此讨厌你，长此以往，你们之间就只剩下怨怒了，这可不是什么聪明的做法。

再次，不能天天都吃醋。

天天都吃醋，佛也会发火。男人虽然希望女人为自己吃醋，但绝没有任何一个男人会喜欢女人天天在自己身边吃醋，这样的话，男人不被酸死，也被烦死了。那么，即便你脸蛋再美、身段再好，男人也会逃之夭夭。所以说，我们吃醋要以男人的对酸度的承受能力为依据，最好一个星期只一两次，而且尽量要变换一下形式，添加一点新鲜感，否则总用一招，男人会产生抗药性的。

另外，不要不分场合地吃醋

有些女人吃起醋来不分时间和地点，不管有多少人在场，完全不顾及自己和爱人的形象，不但让男人尴尬无比，也让在场的人实在不知如何是好。这显然是不聪明的。要知道，男人一向把面子看得很重，女人在外面给男人留些面子，这也是再给自己留面子。女人，纵然吃醋也要吃得识大体，别让外人说三道四，至于回家后你怎么收拾他，相信他都能够接受。

第十章 爱情花语：选择你所爱的，爱你所选择的

最后，不能什么醋都吃。

吃醋虽好，但也要有选择地吃，不能什么醋都吃，要吃得有道理。譬如说，不能因为你和婆婆同时溺水先救谁这个问题纠缠不清，也不能因为老公爱孩子胜过自己而不时泛酸。如果这些醋你要吃，那在男人看来就是胡搅蛮缠了。

总而言之，在如今这个个性张扬的时代，不在醋罐子里学会游泳的女人，反而会得不到男人的青睐，其实仔细想想，这点酸，分明就是娇媚、感性的综合体，不是有那么一句广告语吗——"美丽的女孩有点酸！"我们要做就做这样的美丽女子，时不时地给男人轻轻柔柔地撒点醋，提醒他不要忘记你的存在，让他知道你的爱，假如对方不是那么木讷，他会给你甜甜的回报。只是千万记得，吃醋我们也要吃得有风度。

用你的真心去赞美别人

懂得赞美的女人总是给人一种甜甜的感觉，赞美，这既是一种很绝妙、很实用的说话技巧，也是一座增进人们之间情感的重要桥梁，甜美的女人总是能够将赞语常常挂在嘴边，于是她们的身边几乎不会

有敌人出现。

萌萌就是这样一个嘴甜如蜜的女孩子，不仅深得单位同事和家中长辈的喜欢，也把家中的他蜜得五迷三道儿的，不知不觉中就把家中杂事全部包揽了，同事们都很羡慕萌萌找了个好老公，纷纷问她有什么诀窍能让老公如此心甘情愿地就把家务活给干了，萌萌的回答很出乎大家意料，她告诉大家自己并没有什么复杂的技巧，就凭一张蜜嘴就把老公哄得开开心心，于是就把活全干了。

我们知道，喜欢做家务的男人是不多的，但如果能在做完家务后得到老婆花儿一样的笑脸和赞美，偶尔再奖励个异性按摩，那就另当别论了。萌萌经常挂在嘴边的赞美就是："老公，你真好，把家收拾得那么干净，咱家没你哪儿行呀！"又或者："老公，你太爱我了，我特别离不开你，来，老公，我给你擦擦汗，一会儿给你捏捏腿揉揉肩吧……"每当萌萌这样夸赞老公时，他都会感觉到浑身有使不完的力气，干得特带劲。

谁说说的不如做的呢？说有说得技巧，做有做的补偿，两口子过日子就是"周瑜打黄盖，一个愿打一个愿挨"，不信吗？那你也回去赞他一下试试。

其实，赞美在女人生活的各个角落都很适用。要知道，一个人身上值得赞美的地方数不胜数，纵然是没有特别技艺和才能的人，他们性格上也有或多或少的优点，如豪爽、和蔼、细心、大方等。总之，凡是值得一赞的特征，我们都不妨去赞美一下。记住，不要怕因赞美别人而降低自己的身价，相反，我们应当通过赞美表示你对人

第十章 爱情花语：选择你所爱的，爱你所选择的

的真诚。

然而，有些女人可能是自视甚高，平时对一切都显出不屑一顾的样子，好像这世间根本就不存在值得她们赞美的事物一般。说句不客气的话，这种人是缺乏真情实感、缺乏谦逊品德的。就算从她们口中偶尔蹦出赞美之词，也会让人感觉甚为别扭，甚至会被误认为是在讽刺人。这不能不说是人生上的一种失败。

对于这些朋友，我们想奉上一句忠告：希望你能敞开心扉，去接纳身边的人和物，对他们抱以真诚的微笑，给他们以真挚的欣赏，这样，你的世界就会焕发出别样的美好。可以预见，当你以真心去赞美别人时，便如用火把照亮了他们的心田，同时，火把也会照亮你的心田，使你在真诚的赞美中感到愉快和满足，并推动你对所赞美事物的向往，引导自己向这方面前进。当你向朋友说"我最佩服你遇事能够坚决果断，我能像你这样就好了"时，你也会被朋友的美德所吸引，竭力使自己也能够坚强果断起来。

事实上，生活中没有赞美是不可想象的。百老汇一位喜剧演员有一次做了个梦，自己在一个座无虚席的剧院，给成千上万的观众表演，然而，没有赢得一丝掌声。他后来说："即使一个星期能赚上10万美元，这种无人喝彩的生活也如同下地狱一般。"我们当然不想做地狱中的女人，而我们若想得到别人的赞美，首先就要学会赞美别人。经常赞美别人的女人，胸襟多半是开阔的，心境多半是快乐的，与人的关系多半是和谐的，而她个人的生活也是非常甜美的。